《输变电工程技术经济评审标准化手册》

编审组

编审人员　张恒武　严科辉　蔡　纲
方　鹏　陈　炜　周松林
杨天斌　李金茗　钟　哲
邱凤蓉　张　莎　李雯乐
雷振华　邓嘉翕　陈屹东
彭可竹　童　典　周子铂
李　典　贾永兵　谭　歆
贺雨晴　张哲维　伍家耀

前言

Preface

为提高技术经济评审过程规范化和标准化水平，实现对工程造价的合理确定和精准管控，湖南省电力建设定额站组织编制了《输变电工程技术经济评审标准化手册》(简称《评审手册》)。

《评审手册》是在2018年出版的《输变电工程初步设计技术经济评审标准化手册》基础上，按照2018年版电网工程建设预算编制与计算规定、概预算定额、最新技术经济管理文件修编完成，并增加施工图预算评审相关内容。

《评审手册》根据不同电压等级、不同专业，从评审整体情况到分部分项工程的整个流程中，存在的计价难点、疑点及新技术新标准运用造成的计价改变，提炼评审要点，给予明确的评审要求，提高手册的实际可操作性。其主要内容包括总则、变电工程技术经济评审操作手册、线路工程技术经济评审操作手册、征地及通道清理计价参考标准和编制依据文件。

本手册在编写过程中，先后以多种形式进行了广泛的意见征求，认真听取和采纳了多方意见和建议。在此，谨对为本手册编写工作付出辛勤努力和给予无私帮助的单位及个人表示由衷的谢意。书中难免存在疏漏和不当之处，敬请批评指正。

编者

2021年6月

目录

Contents

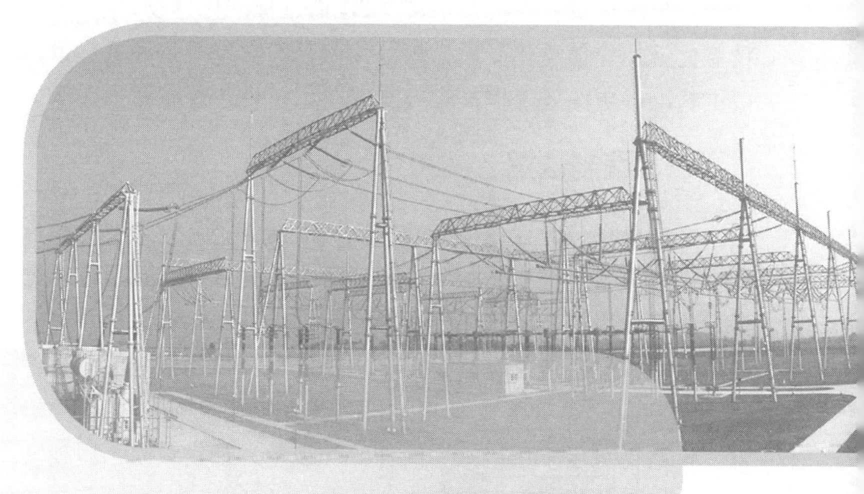

第一部分

总　　则

为进一步规范输变电工程技术经济评审程序，统一评审原则和计价标准，把控评审重点和难点，提高评审质量及效率，坚持“合理造价、合理依据、合理程序、精准高效控制”造价管理原则，持续深入推进造价管理“八个转变”，通过标准化建设、专业化引领、精益化管控、信息化支撑、规范化监督，实现对工程概算量、价、费更精准、更高效管控，有效支撑工程建设，特制订本手册。

一、编制依据

编制依据包含行业标准和企业标准两大类，分为费用标准、定额标准、技术经济指标和价格信息四个部分，其中费用标准是明确建设预算费用构成及计算标准、建设预算费用性质划分，是各项费用的计算标准；定额标准是直接用于工程计价的定额或指标；技术经济指标是一系列展现工程不同技术和经济特征的基础及衍生数据；价格信息用于价格水平的计算和调整，如实反映不同地区、不同时间市场价格水平，同时涵盖建筑行业的计价、地方行政事业性收费、政府征地拆迁及青苗赔偿标准等。

二、适用范围

公司投资的35～500kV输变电工程。

三、总体要求

（一）编制界面

报送的新建输变电工程概预算书界面按以下原则划分：

（1）安装工程：架空出线时，变电与线路工程的划分边界点为出线构架挂点处；电缆出线时，变电与线路工程划分边界点为出线套管处或户内开关柜的出线端头处，即出线开关柜计入变电工程，出线电缆及配套电缆终端头计入电缆线路工程。在变电站改造工程中，当终端塔到GIS出线端头采用电缆形式，电缆工程应单列子项。

（2）建筑工程：电缆线路工程中站内建筑工程量（含围墙外1m）

计入变电站工程，站外建筑工程量计入电缆线路工程；特殊情况（如对侧变电站）站内建筑工程需计入电缆工程的，必须明确站内土建工程量后计入电缆线路工程，并在编制说明的其他栏中说明其工程量及总费用。

（3）通信工程：根据国家电网电定〔2018〕24 号《关于印发〈系统通信工程建设预算编制管理细则（试行）〉的通知》，站端通信工程内容随变电站工程预算书编制，光缆通信工程内容随线路工程建设预算书编制。OPGW 光缆通信工程中进站工程量计入站端通信工程，ADSS 光缆通信工程中进站工程量计入光缆通信工程，普通光缆建筑工程量（如有）一般计入电缆线路工程。

（4）对侧保护改造工程：按站点划分为单独子项工程。

（5）其他工程：配网、大修技改等非主网基建投资工程应划入对应的生产成本类项目。

（二）概算书编制内容

1　整体要求

工程名称正确规范，子项目名称及划分与可行性研究批复保持一致，不漏报子项目。各项目概算书按《电网工程建设预算编制与计算规定（2018 年版）》要求出具完整表格，注意工程概况及主要技术经济表要填写完整。封面应有设计单位盖章，编校审手续完备。各类工程初步设计概算成品的内容组成见表 1-1。

表 1-1　　各类工程初步设计概算成品的内容组成

序号	内容组成名称	变电工程	架空线路工程	电缆线路工程
1	封面	√	√	√
2	签字页	√	√	√
3	编制说明	√	√	√
4	主要技术经济指标表	√	√	√
5	总概算表	√	√	√
6	专业汇总概算表	√	√	√
7	安装、建筑工程概算表	√	√	√

续表

序号	内容组成名称	变电工程	架空线路工程	电缆线路工程
8	其他费用概算表	√	√	√
9	建设场地征用及清理费用概算表	√	√	√
10	装置性材料汇总表	√	√	√
11	装置性材料价差汇总表	√	√	√
12	设备汇总表	√	√	√
13	建筑、安装基准期价差明细表	√	√	√
14	勘察费明细表	√	√	√
15	勘察费复杂程度表	√	√	√
16	设计费明细表	√	√	√
17	综合地形增加系数计算表		√	
18	土石方量计算表		√	
19	工地运输质量计算表		√	
20	杆塔分类一览表		√	

2　编制说明内容要求

编制说明应包含工程概况、编制原则及依据和造价水平分析三项内容。

2.1　工程概况

工程概况应说明建设地点、建设周期、投资情况。变电工程应包含站址特点、交通运输条件、本期及远期规模等技术条件；线路工程应包含路径长度、导线型号、地形地质比例、运距等技术条件。重点说明改扩建工程的建设范围、过渡措施方案及其费用，可利用或需拆除的设备、材料、建（构）筑物等工程情况。

2.2　编制原则及依据

编制原则及依据应列出编制范围、工程量计算依据、定额和预规选定、装置性材料价格选用、设备价格获取方式、编制基准期价格水平等。

（1）计价体系执行《电网工程建设预算编制与计算规定（2018年版）》。具体包括：定额及取费，项目与费用的定义与划分等。

（2）设备材料价格原则执行国家电网有限公司及各地区定额站发布的信息价格，同时期同类地区同类或类似规格设备材料中标价格，不足部分按省公司要求执行。

（3）建设场地征用及清理费执行湘政发〔2021〕3号《湖南省人民政府关于调整湖南省征地补偿标准的通知》，及各市州公司与政府签订的战略合作协议。

（4）前期工作费参照执行湘电建定〔2020〕1号《关于印发湖南省电网建设项目前期工作等费用预算编制细则的通知》，不足部分按政府相关规定执行。

（5）新技术、新工艺等增加费用，有行业、国家电网有限公司及省公司标准的执行相关标准，无相应标准应提报省公司批准。

2.3 造价水平分析

（1）初步设计概算投资原则上不能超过核准批复金额。概算超核准批复10%以内，由项目建管单位审核报省公司发展部备案；概算超核准批复10%及以上的，应执行重大技术问题沟通汇报机制报省公司发展部批准。

（2）初步设计概算超可行性研究估算20%及以上工程，项目建管单位应按规定向发展部申请可行性研究修编；未超可行性研究估算20%的工程，审查初步设计与可行性研究的差异，对与可行性研究有较大变化的量和价，应重点审查，落实具体原因，与其他专业协调一致。

（3）造价水平分析应包括标准参考价对比，可行性研究估算对比以及多方案投资对比等。变电工程按建筑工程、安装工程、设备购置、其他四项费用进行对比，架空线路工程按基础工程、杆塔工程、接地工程、架线工程、附件工程、辅助工程、其他费用等进行对比，各单位工程差额之和应与总投资差额保持一致。对比分析应尽可能翔实，工程量和价格变化的原因应描述清楚，例如设备购置费增减明确主要发生变化的设备类型、价格依据、金额等。

（4）对照《国家电网有限公司输变电工程多维立体参考价（2021年版）》，工程造价水平高于对应参考价造价水平的，设计文件中要增加专题论证材料；超过对应参考价水平10%以上的工程，要增加方案技术经济比选专篇，说明该方案的充分必要性。

（5）对照《湖南省输变电工程差异化标准参考价（2020年版）》，工程造价水平超过或者低于对应参考价水平10%以上的工程，均要增加方案技术经济比选专篇，说明该方案的充分必要性。

3　相关支撑性材料

3.1　可行性研究及投资估算经审定，可行性研究批复及核准文件完备。

3.2　变电站站址规划、线路路径协议完备。

3.3　工程设计符合基建管理流程，设计单位经招标确定，勘察设计费依据完备。

3.4　出现下列情况，送审资料应提供“输变电工程技术经济问题沟通汇报信息表”（见附录三）。

（1）单项工程投资超可行性研究批复投资20%及以上。

（2）突破可行性研究建设规模。

（3）重大过渡、临时施工电源、大件运输等单项费用高的情况。

（4）征地拆迁突破现行标准，且没有其他方案替代的情况。

（5）其他需要沟通汇报的事项。

4　概算评审工作要求

4.1　分专业设置技术经济评审人员，对预审、评审、收口审核及出具评审意见全过程负责，确保评审全过程工作的连续性。

4.2　在收到评审资料后，技术经济评审人员对初步设计文件进行预审，并填写“初步设计技术经济专业预审意见单”（见附录一），如发现重大问题（如概算超估算或标准参考价等）应在评审会议开始前1天反馈评审负责人，以确定会议是否需要改期。

4.3　技术经济评审人员应参照同等或类似规模项目施工图工

程量对概算工程量进行核查，并提出反馈意见。各专业审定后，专业技术评审人员应对工程量进行复核，设计单位根据复核结果在评审会议后出具“工程量确认表”（见附录四），专业技术评审人员对其确认并签字认可。工程量确认表作为概算工程量计价依据并存档。

4.4　技术经济评审人员工作进度要求：应在5个工作日内完成技术经济部分的预审；对于需要收口的工程应在评审会议后5个工作日内提交评审会议纪要；评审会议结束后应出具“技术经济专业评审意见单”（见附录二），并督促设计单位在35个工作日内完成技术经济部分的收口工作；初步设计审定后应在13个工作日内提交技术经济部分评审意见。

（三）预算书编制内容

1　整体要求

工程名称正确规范，子项目名称及划分与初步设计批复保持一致，不漏报子项目。各项目预算书按《电网工程建设预算编制与计算规定（2018年版）》要求出具完整表格，注意工程概况及主要技术经济表要填写完整。封面应有设计单位盖章，编校审手续完备。各类工程施工图预算成品的内容组成见表1-2。

表1-2　　各类工程施工图预算成品的内容组成

序号	内容组成名称	变电工程	架空线路工程	电缆线路工程
1	封面	√	√	√
2	签字页	√	√	√
3	编制说明	√	√	√
4	主要技术经济指标表	√	√	√
5	总预算表	√	√	√
6	专业汇总预算表	√	√	√
7	安装、建筑工程预算表	√	√	√
8	其他费用预算表	√	√	√

续表

序号	内容组成名称	变电工程	架空线路工程	电缆线路工程
9	建设场地征用及清理费用预算表	√	√	√
10	装置性材料汇总表	√	√	√
11	装置性材料价差汇总表	√	√	√
12	设备汇总表	√	√	√
13	建筑、安装基准期价差明细表	√	√	√
14	综合地形增加系数计算表		√	
15	土石方量计算表		√	
16	工地运输质量计算表		√	
17	杆塔分类一览表		√	

2　编制说明内容要求

编制说明应包含工程概况、编制原则及依据和造价水平分析三项内容。

2.1　工程概况

工程概况应说明建设地点、建设周期、投资情况。变电工程应包含站址特点、交通运输条件、本期及远期规模等技术条件；线路工程应包含路径长度、导线型号、地形地质比例、运距等技术条件。重点说明改扩建工程的建设范围、过渡措施方案及其费用，可利用或需拆除的设备、材料、建（构）筑物等工程情况。

2.2　编制原则及依据

编制原则及依据应列出编制范围、工程量计算依据、定额和预规选定、装置性材料价格选用、设备价格获取方式、编制基准期价格水平等。

（1）项目划分及取费标准执行《电网工程建设预算编制与计算规定（2018 年版）》，定额采用《电力建设工程预算定额（2018 年版）》，执行 Q/GDW 11873—2018《输变电工程施工图预算（综合单价法）

编制规定》，并满足国网（基建/3）957-2019《国家电网有限公司输变电工程施工图预算管理办法》要求。

（2）设备材料价格原则执行本工程设备物资中标价或国家电网有限公司及各地区定额站发布的信息价格，或同时期同类地区同类或类似规格设备材料中标价格，不足部分按省公司要求执行。

（3）定额人工费、材料和施工机械费价差调整执行定额〔2021〕3号《电力工程造价与定额管理总站关于发布2018版电力建设工程概预算定额2020年度价格水平调整的通知》。

（4）建设场地征用及清理费执行湘政发〔2021〕3号《湖南省人民政府关于调整湖南省征地补偿标准的通知》，及各市州公司与政府签订的战略合作协议。

（5）前期工作费、监理费、勘察设计费等按照合同或批复概算。

2.3 造价水平分析

（1）施工图预算原则上应控制在初步设计批准概算之内。

（2）施工图预算与初步设计批准概算的各项费用及主要工程量的对比分析。对比分析应翔实，工程量和费用差异的原因应真实地描述清楚。

3 预算评审工作要求

3.1 施工图预算评审在工程初步设计概算审定后开展，在施工招标前完成。

3.2 施工图预算原则上应控制在初步设计批准概算之内，并应开展与批准概算的各项费用及主要工程量的对比分析。

3.3 施工图预算的工程量依据施工图设计文件进行编制。施工图设计方案、规模应与批准的初步设计规模和原则相一致，严禁擅自改变规模、提高标准。工程量应以施工图纸、特殊施工方案或措施及有关施工验收技术规程、规范为依据准确计量。

3.4 其他费用中已签订合同的服务类费用应按合同（协议价）计列，未签订合同的，按《电网工程建设预算编制与计算规定（2018

年版）》或相关文件规定计列。

3.5 严禁在施工图预算中计列未提供技术方案的费用，对站外电源、站外水源、站外道路、围堰、安全稳定装置等配套的专项，应根据专项设计计列相应费用。

3.6 编制单位应依据评审会议纪要于评审会后10个工作日内提交审定的施工图预算书。

第二部分

变电工程技术经济评审操作手册

一、变电工程概算评审要点

编号	评审内容	评审要点	参考指标	边界条件
一	总则			
1	多维立体参考价应用	（1）必须提供与《国家电网有限公司输变电工程多维立体参考价（2021年版）》《湖南省输变电工程差异化标准参考价（2020年版）》的对比，分别对建筑、设备、安装、其他四项费用进行分析。 （2）超标准参考价或超10%时重点审查专题论证和方案比选的合理性。 （3）需提供而未提供专题论证和方案比选，或者存在重大不合理问题，应推迟评审	《国家电网有限公司输变电工程多维立体参考价（2021年版）》《湖南省输变电工程差异化标准参考价（2020年版）》	超参考价提供专题论证材料，超过或低于10%以上要增加方案技术经济比选专篇
2	与可行性研究对比	（1）审查与可行性研究的差异，对与可行性研究有较大变化的量和价，应重点审查，落实具体原因，与其他专业协调一致。 （2）输变电工程总体投资不得超过可行性研究批复金额20%，否则应对可行性研究进行修编。 （3）初步设计概算超过可行性研究估算20%及以上，应执行输变电工程重大技术问题沟通汇报机制报省公司发展部	可行性研究批复	超可行性研究批复金额项目应提供与可行性研究批复单位或部门的书面处理意见
3	与核准对比	初步设计概算投资规模超核准批复10%以内的，由项目前期建管单位审核报省公司发展部备案；超核准批复10%及以上的，应执行重大技术问题沟通汇报机制报省公司发展部		

续表

编号	评审内容	评审要点	参考指标	边界条件
4	编制年价差	采用当期人材机调差文件		
5	基本预备费	执行《电网工程建设预算编制与计算规定（2018年版）》	可行性研究估算2%，初步设计概算1.5%，施工图预算1%	
6	特殊费用	工程现场人员管理系统费用不再单独列入特殊项目费用中，由安全文明施工费和项目法人管理费（工程信息化管理费）解决		
7	建设期贷款利息	按静态投资额×0.5×0.8×贷款实际利率计算。依据国发〔2015〕51号，资本金比例按20%，贷款计算年限1年	建设期贷款利息按收口时间当期的贷款市场报价利率（LPR）计	国发〔2015〕51号
二	建筑			
（一）	主要生产工程			
1	主要生产建筑			
1.1	配电、主控及综合楼建筑面积	（1）地面、楼面、屋面等工程量，均按建筑轴线尺寸面积计算工程量。 （2）照明、给排水、采暖通风空调采用建筑面积作为工程量时，按外围水平面积计算工程量；采用建筑体积作为工程量时，单层建筑建筑面积按照外墙勒脚以上结构外围水平面积乘以建筑物高度计算。建筑物高度应从室内地面计算至屋面面层平均标高。	220-A2-9：配电装置楼5609.15m^2，其中地下电缆夹层1835.3m^2，地上部分3773.85m^2。 220-A3-4：220kV配电装置室2315.27m^2；110kV配电装置楼2485.1m^2，其中地下电缆夹层776.8m^2，地上部分1708.3m^2。 220-B-2：主控通信楼390.6m^2；10kV配电装置室454.74m^2。	各层平面布置图

续表

编号	评审内容	评审要点	参考指标	边界条件
1.1	配电、主控及综合楼建筑面积	（3）按典型设计方案的不得突破典型设计建筑面积	110-A2-5：配电装置楼 2445.71m^2，其中地下电缆夹层 751.51m^2，地上部分 1694.2m^2。 110-A2-4：配电装置室 1110.54m^2。 110-C-4（3）：配电装置室 474.83m^2。 35-E3-1：配电装置室 318m^2	各层平面布置图
1.2	配电、主控及综合楼房屋单位造价	注意审查一般土建工程量之间的逻辑关系，墙面与墙体、各类建筑面积与总建筑面积等	详见钢结构附表	建筑平面布置图、结构图
1.3	钢结构建筑钢梁、钢柱、钢檩条、钢屋架	按照典型设计方案设计的工程量按典型设计质量计算		建筑平面布置图、结构图
1.4	屋面防水	按一级防水要求（两层橡胶卷材、一层细石混凝土刚性防水）计算		
1.5	给排水	含常规水消防。水泵、稳压器、水处理装置、水净化装置为设备，其安装费参照有关定额单独计算。厂家负责安装，安装费用含于设备费中		
1.6	通风空调	（1）空调机、风机盘管、风机箱、轴流风机、消声装置、减震装置、屋顶通风器为设备，安装费包含在定额中。		

续表

编号	评审内容	评审要点	参考指标	边界条件
1.6	通风空调	（2）湖南属于Ⅰ类地区，原则上不实施采暖，通风空调定额乘以 1.3 系数。 （3）配电装置楼（含保护室、GIS 室等）统一执行主控楼定额		
1.7	照明	照明配电箱、配电盘、配电柜为设备，安装费包含在定额中		
2	配电装置建筑			
2.1	主变压器基础	（1）油池容积计算，容积＝净空高度×净空面积。 （2）基础体积计算工程量，不计算基础垫层体积。 （3）变压器基础油池定额包括安装油箅子（不含油箅子材料费）、填放卵石（厚度 0.5～0.6m）费用	220-A2-9：主变压器基础 54m^3；主变压器油池 119.33m^3。 220-A3-4：主变压器基础 26.22m^3，计算式＝7.6×3.9×0.6＋0.8×3.1×0.85×4；主变压器油池 98.8m^3，计算式＝13×9.5×0.8。 220-B-2：主变压器基础 26.22m^3，计算式＝7.6×3.9×0.6＋0.8×3.1×0.85×4；主变压器油池 98.8m^3，计算式＝13×9.5×0.8。 110-A2-5：主变压器基础 9.95m^3，计算式＝2.8×3.24×0.8＋0.8×2.4×0.7×2；散热器基础 14.3m^3，计算式＝（6×1×0.8＋5.6×0.6×0.7）×2；主变压器油池 23.52m^3，计算式＝4.2×8×0.7；散热器油池 23.52m^3，计算式＝4.2×8×0.7。	

续表

编号	评审内容	评审要点	参考指标	边界条件
2.1	主变压器基础	（1）油池容积计算，容积＝净空高度×净空面积。 （2）基础体积计算工程量，不计算基础垫层体积。 （3）变压器基础油池定额包括安装油算子（不含油算子材料费）、填放卵石（厚度 0.5～0.6m）费用	110-A2-4：主变压器基础 8.89m^3，计算式＝2.876×3.86×0.6＋2.276×0.7×0.7×2；散热器基础 15.78m^3，计算式＝3.05×6.1×0.6＋0.6×5.5×0.7×2；主变压器油池 32.2m^3，计算式＝9.2×5×0.7；散热器油池 30.91m^3，计算式＝9.2×4.8×0.7。 110-C-4（3）：主变压器基础 12.17m^3，计算式＝4.1×3.9×0.5＋0.8×3×0.85×2＋0.2×0.2×0.6×4；主变压器油池 43.78m^3，计算式＝9.6×7.6×0.6。 35-E3-1：主变压器基础 5.27m^3，计算式＝2.975×2.2×0.5＋0.5×1.6×1.25×2；主变压器油池 20.5m^3，计算式＝6.1×5.6×0.6	
2.2	事故油池	（1）按净空体积计算工程量。 （2）执行井、池定额	220-A2-9：150.38m^3，计算式＝8.25×6×3＋0.5×0.5×3.14×1.2×2。 220-A3-4：150.38m^3，计算式＝8.25×6×3＋0.5×0.5×3.14×1.2×2。 220-B-2：150.38m^3，计算式＝8.25×6×3＋0.5×0.5×3.14×1.2×2。 110-A2-5：34.41m^3，计算式＝4.24×3×2.65＋0.4×0.4×3.14×0.7×2。 110-A2-4：41.34m^3，计算式＝3.24×3×3.1＋1×3×3.5＋0.4×0.4×3.14×0.7×2。	

续表

编号	评审内容	评审要点	参考指标	边界条件
2.2	事故油池	（1）按净空体积计算工程量。 （2）执行井、池定额	110-C-4（3）：35.64m^3，计算式＝4.4×3.4×2.3＋0.7×1.6×1.1。 35-E3-1：13.65m^3，计算式＝3×1.8×2.3＋0.7×1.6×1.1	
2.3	构架及设备支架	（1）按设计量计列。 （2）设备厂家自带支架时应将支架材料市场价调为0。 （3）基础采用非常规设计时，分开计算土方、基础与构支架的工程量。 （4）户内站如为复杂地面，则设备支架均不应带土方与基础；如为普通地面，除主变压器中性点、电容器、母线桥处外均不应带土方与基础，且电容器、母线桥设备支架是否带土方应根据图纸具体分析		
2.4	设备基础（主变压器除外）	（1）按照设备基础体积计算工程量，不计算基础垫层体积。 （2）设备基础包括铁件制作与预埋。 （3）复杂地面已包括除主变压器、GIS以外其他设备基础费用	断路器：35kV，5m^3/台；110kV，6m^3/台；220kV，10m^3/台。 GIS：户内5.5～7m^3/间隔；户外27～35m^3/间隔。 框架式并联电容器组（含围栏）：7.5m^3/台	
2.5	站内电缆沟长度	（1）按其净空体积计算工程量，净空体积＝沟（隧）道净断面面积×沟（隧）道长度。 （2）站内电缆沟一般按素混凝土沟考虑，仅仅在过马路段考虑钢筋混凝土。	220-A2-9：室外电缆沟道，1.4×1.4/1.4×1，总计长度122.7m；室外电缆隧道，2.4×2.4/2.4×2.1，总计长度25m。	

续表

编号	评审内容	评审要点	参考指标	边界条件
2.5	站内电缆沟长度	（3）电缆沟盖板采用工厂化预制式电缆沟盖板时，盖板价格按 450 元/m² 计列。 1）室外电缆沟：按常规计列电缆沟建筑费用后，扣除沟盖板费用 300 元/m² 电缆沟道，按盖板实际面积计列费用。 2）室内电缆沟：不扣除任何费用，直接按盖板实际面积计列费用。 3）电缆沟盖板面积计算：宽度为电缆沟净宽＋差额，差额为室外 0.5m，室内 0.2m；长度为电缆沟长度	220-A3-4：室外电缆沟道，1.4×1，总计长度 298m；室外电缆隧道，1.8×2.1，总计长度 60m。 220-B-2：室外电缆沟道，1.4×1.4/1.1×1/0.8×1，总计长度 518m。 110-A2-5：室外电缆沟道，2×2.1×12.4/1.4×1×49.6，总计长度 62m。 110-A2-4：室外电缆沟道，1.4×1/1.2×1.6，总计长度 81m。 110-C-4（3）：室外电缆沟道，1.1×1/0.8×0.8，总计长度 430m。 35-E3-1：室外电缆沟道，1.1×1×40/0.8×0.8×5，总计长度 45m	
3	供水系统			
	站区供水管	按照单根管道敷设长度计算工程量，不扣除井所占的长度	220-A2-9：72m。 220-A3-4：340m。 220-B-2：107m。 110-A2-5：45m。 110-A2-4：120m。 110-C-4（3）：140m。 35-E3-1：105m	站区排水布置图

续表

编号	评审内容	评审要点	参考指标	边界条件
4	消防系统			
	消防泵房	（1）按典型设计核实建筑面积。 （2）一般户内站设置消防泵房。 （3）水泵房零米以下（如有）执行半地下建筑地面定额子目（GT3-19～21）。 （4）水池容积 500m³ 以内时执行《电力建设工程概算定额（2018 年版）第一册　建筑工程》第 10 章相应井池定额子目，按照净空体积（容积）计算工程量，含土方施工。 （5）水池容积大于 500m³ 时执行定额子目 GT9-53，按照混凝土体积计算工程量，混凝土垫层不计算工程量，包括底板、壁板、隔墙、支柱、集水坑、人孔、支墩、设备基础，不包括垫层、找坡、接口回填。土方开挖执行相应定额，按主要构筑物计算工程量	220-A2-9：98.41m²。 220-A3-4：67.9m²。 220-B-2：67.9m²。 110-A2-5：66.9m²。 110-A2-4：66.9m²。 110-C-4（3）：未配置消防水泵房。 35-E3-1：未配置消防水泵房。 220-A2-9：98.41m²。 220-A3-4：67.9m²。 220-B-2：67.9m²。 110-A2-5：66.9m²。 110-A2-4：66.9m²。 110-C-4（3）：未配置消防水泵房。 35-E3-1：未配置消防水泵房。 移动式推车灭火器（50kg）：1000 元/台（含税）	
（二）	辅助生产工程			
1	辅助生产建筑			
2	站区性建筑			
2.1	场地平整	（1）土石方比例按地勘报告核定。 （2）土石方量按场地平衡图计算核定，不得随意估列。	长沙：工程渣土消纳最高限价 26 元/m³（按天然密实方计），包含税费（长发改价费〔2019〕105 号。	提供地勘报告、场地土石方平衡图

续表

编号	评审内容	评审要点	参考指标	边界条件
2.1	场地平整	（3）大型独立土石方工程（开挖与回填量大于1万 m^3）综合费率（含措施费、间接费、利润）：直接工程费×16.59%（独立：单独签订发承包合同）。 （4）当挖方量≥填方量时，套用GT1-1场平土方（工程量为挖方量）及GT1-8土方外运（工程量为“挖方量－填方量”）。 当挖方量＜填方量时，套用GT1-1场平土方（工程量为挖方量）及GT1-2亏方碾压（工程量为“填方量－挖方量”），土方外购费用另计，工程量为“填方量－挖方量”；如利用建（构）筑物基坑（槽）挖土量进行填方区回填，则外购土工程量为“填方量－挖方量－建（构）筑物基坑（槽）挖土量”。 （5）石方施工概算定额已综合考虑二次破碎费用（材机：液压锤）。 （6）外运土所产生的余土堆置费用严格执行市政相关依据文件。 （7）中心城区土方运输需按市政环保等部门要求采用智能密封等环保车运输时，运输费用执行政府文件	长沙：定额中自卸汽车替换为智能渣土车12.9t，台班单价1282.01元，消耗量不变（长住建发〔2020〕103号）	提供地勘报告、场地土石方平衡图
2.2	站内地坪及道路	（1）计算道路体积时，体积＝面积×厚度；有路缘石的道路按路缘石内侧计算面积；不扣除雨水口所占体积。 （2）厚度为基层、底层、面层三层的厚度之和，主马路按0.7m控制，其他一般按0.49m控制。 （3）道路无路缘石时核减22元/m^3；路缘石采用花岗岩条石时增加40元/m^3。 （4）碎石地坪厚度：碎石0.15m，灰土0.1m	220-A2-9：1353m^2。 220-A3-4：1830.8m^2。 220-B-2：2820m^2（不含前坪）。 110-A2-5：917.4m^2。 110-A2-4：964m^2。 110-C-4（3）：1050m^2。 35-E3-1：368m^2	

续表

编号	评审内容	评审要点	参考指标	边界条件
2.3	站区排水管	按照单根管道敷设长度计算工程量，不扣除井所占的长度	220-A2-9：435m。 220-A3-4：490m。 220-B-2：595m。 110-A2-5：243.5m。 110-A2-4：370m。 110-C-4（3）：490m。 35-E3-1：320m	站区供水布置图
2.4	围墙及大门	（1）按照墙体中心线长度计算，扣除大门和边门及大门柱所占的面积。 （2）围墙基础按 1.5m 埋深考虑，基础埋深每增减 30cm 为一个调整深度，增减余量不足 30cm 但大于等于 10cm 的计算一个调整深度。	220-A2-9：围墙 832.6m^2，计算式＝［2×（119＋65）－6］×2.3；大门 12.6m^2，计算式＝6×2.1。 220-A3-4：围墙 869.4m^2，计算式＝［2×（107＋85）－6］×2.3；大门 12.6m^2，计算式＝6×2.1。 220-B-2：围墙 1138.5m^2，计算式＝［2×（135＋115.5）－6］×2.3；大门 12.6m^2，计算式＝6×2.1。 110-A2-5：围墙 625.6m^2，计算式＝［2×（96.5＋42）－5］×2.3；大门 11.5m^2，计算式＝5×2.3。 110-A2-4：围墙 612.26m^2，计算式＝［2×（94＋41.6）－5］×2.3；大门 11.5m^2，计算式＝5×2.3。 110-C-4（3）：围墙 669.3m^2，计算式＝［2×（76.5＋71.5）－5］×2.3；大门 11.5m^2，计算式＝5×2.3。	

续表

编号	评审内容	评审要点	参考指标	边界条件
2.4	围墙及大门	（3）大门按面积及形式套用对应定额计取。 （4）简介牌按2500元/站控制	35-E3-1：围墙338.1m^2，计算式=［2×（47+29）−5］×2.3；大门11.5m^2，计算式=5×2.3	
3	特殊构筑物			
	挡土墙	根据挡土墙的长度和高度核实工程量		挡土墙布置图，配置一览表
4	全站沉降观测点			
5	站区绿化	植草皮执行建筑预算YT14-28定额		
（三）	与站址有关的单项工程			
1	地基处理	（1）根据明确的地基处理方案及基础布置图、桩基型号和数量计算工程量。 （2）换填按照被换填土挖掘前天然密实方计算工程量，换填土基坑的开挖、支护、工作面等增加的工程量综合在定额中，不单独计算		地勘报告、地基处理方案、桩基布置图、桩基型号数量一览表
2	站外道路			
3	站外水源	（1）站外水源费用提供水源点接入方案，按实际工程量，参照市政定额计列费用，编制招标控制价时按总价包干形式计列。 （2）不得计取没有政策依据的一笔性费用		有明确的设计方案，路径图、接引点

续表

编号	评审内容	评审要点	参考指标	边界条件
4	站外排水			
5	站外蒸发池			
6	施工降水			
7	临时工程			
	临时施工电源	（1）根据施工电源的外接方案，设计提资，套用定额计价。 （2）预算执行《20kV及以下配电网工程建设预算编制与计算规定（2016年版）》。 （3）临时用电方式时，施工电源费用（变压器及其低压侧部分）在工程临时设施费中计列。 （4）永临结合时费用列入安装工程站外电源部分	变压器租赁费不计（仅计变压器高压侧以外的装置及线路）； 电缆费用按1/6摊销； 10kV架空线路按15万/km控制造价［《国家电网公司输变电工程通用造价（2014年版）》］	有明确的设计方案，路径图、杆塔明细表、主要材料表。 根据建设〔2018〕159号，可行性研究设计阶段，市州供电公司发展部书面明确批复接入方案，明确临时用电或永临结合；初步设计阶段：市州公司建设部代表属地市州公司对设计文件进行盖章确认
（四）	其他说明			
	商品混凝土	城区中心、周边变电站工程统一按采用商品混凝土浇筑考虑，按当期信息价中商品混凝土价格调整价差，其余变电站工程按实际混凝土做法调差		

续表

编号	评审内容	评审要点	参考指标	边界条件
三	安装及设备			
（一）	主要生产工程			
1	主变压器系统			
	主变压器	（1）主变压器带有载调压乘以系数 1.1。 （2）110kV 及以上主变压器户内安装人工费乘以系数 1.3。 （3）变压器散热器分体布置时人工费乘以系数 1.3。 （4）油过滤已包含在变压器安装定额中，变压器干燥未包含，如有另计。 （5）定额计价材料：基础槽钢、铁构件、设备接地、镀锌材料。 （6）其他未计价材料：设备间连线、引下线、金具，各项材料需分型号套用装材预算价格。 （7）高阻抗变压器设备费在信息价基础上增加 30 万（220kV）、50 万（500kV），不再另计电抗器设备费	户内站一般另修散热室，变压器及其散热器分开放置	设计说明书、设备材料清册
2	配电装置系统			
2.1	配电装置	（1）110kV 及以上设备安装在户内人工乘以系数 1.3。 （2）断路器每台为三相，互感器每台为单相，隔离开关每组为三相。		

续表

编号	评审内容	评审要点	参考指标	边界条件
2.1	配电装置	（3）SF_6 全封闭组合电器（带断路器）以断路器数量计算工程量。 （4）SF_6 全封闭组合电器（不带断路器）以母线电压互感器和避雷器之和为一组计算工程量，每组为一台。 （5）为远景扩建方便预留的组合电器，前期先建母线及母线侧隔离开关，套用 SF_6 全封闭组合电器（不带断路器）定额，每间隔为一台。 （6）GIS 套管（如有时）计安装费，不计材料费。 （7)GIS 和 AIS 设备信息价中如已包含智能汇控柜，则不能重复计列此项设备费，智能汇控柜的安装费单独计列于控制及直流系统。 （8）GIS 设备间隔之间的连接母线已包含在 GIS 设备信息价中，不再单独计列设备费（按定额计安装费），间隔之外的主母线按技术工程量另计设备性主材费。预留间隔配套主母线材料费用另计。 （9）GIS 间距（中线距离）按 110kV 户外站 7.5m、户内站 1.2m 考虑，设备本身宽度小于等于 1.2m，计列主母线材料费用时按 1m/间隔扣除；220kV 户外站 13m、户内站 2.5m，计列主母线材料费按双母线考虑后扣除 2.5m/间隔（单母线）长度。 （10）10kV 开关柜的设备信息价中如未包含接地小车、验电小车和检修小车，需另计设备费，费用列于辅助生产工程。		

续表

编号	评审内容	评审要点	参考指标	边界条件
2.1	配电装置	（11）定额计价材料：设备接地引下线、镀锌材料；其他未计价材料：设备间连线、引下线、金具、悬垂绝缘子，各项材料需分型号套用装材预算价格。 （12）配电装置安装定额中未包括设备支架制作安装，如设备价格中未包括此项，则需另计制作安装费和装材费。 （13）国网信息价格隔离开关如已包含设备支架，则不能在安装工程中重复计列支架装材和制作费，仅计列支架安装费。 （14）成套高压配电柜和接地变柜安装定额已包含基础槽钢的制作与安装，钢材和镀锌材料费为计价材料，无需另计装材		
2.2	预制舱式一次组合设备	（1）执行《电力建设工程预算定额（2018年版）第三册　电气设备安装工程》相应子目，含单体调试费。 （2）舱内设备安装由厂家负责		设计说明书、设备材料清册、平面布置图
2.3	母线、绝缘子	（1）110kV及以上软母线、支持绝缘子安装在户内时人工费乘1.3。 （2）绝缘铜管母线安装执行管型母线定额乘1.4。 （3）带形母线、管形母线、槽型母线和封闭母线定额中未包含支架制作安装，需另计支架制作安装费和装材费。 （4）全绝缘铜管母线作为设备性材料计列。 （5）穿墙套管安装定额中已包含穿通板制作安装。		

续表

编号	评审内容	评审要点	参考指标	边界条件
2.3	母线、绝缘子	（6）未计价材料：支柱绝缘子、绝缘子串、穿墙套管、软母线、引下线、跳线、封闭母线、带型母线、槽型母线、管型母线、管型母线衬管、阻尼导线、金具（设备线夹、悬垂线夹、悬挂金具等）、绝缘热缩管。 （7）带形母线材料费仅计室内穿墙套管至进线开关柜段，10kV 开关柜内材料费含于设备价。 （8）母线及配套金具分型号套用装材预算价格（基建技经〔2019〕29 号），可行性研究阶段技术无法提供金具信息时可按综合价。 （9）跨线材料费按预算价计列（可行性研究可按综合价）。 （10）引下线、设备连线安装费含于相应设备安装费中，另计装材费		
3	无功补偿			
	电容器组	（1）框架式电容器装置、静止无功补偿装置等每组为三相，串联无功补偿装置每套为单项。 （2）框架式电容器安装定额已包含框架、网门安装。 （3）10kV 并联电容器组保护网（即网门）材料由厂商供应。 （4）并联电容器组中串联电抗器一般按户外站空心、户内站铁芯考虑。		

续表

编号	评审内容	评审要点	参考指标	边界条件
	电容器组	（5）并联电容器组中串联电抗器为三相/组，国家电网有限公司信息价中空心电抗器按单相/台计列，铁芯电抗器按三相/台计列。 （6）信息价中，电容器组串联电抗器的属性组合（规格型号）中的容量是指配套电容器的容量，不是电抗器本身的容量		
4	控制及直流系统			
4.1	计算机监控系统	（1）新建变电站控制和保护按照最高电压等级执行，扩建工程按照工程扩建的电压等级执行。 （2）控制盘台柜安装定额依据500kV变电站编制，35kV乘0.85、110kV乘0.9、220kV乘0.95。 （3）变电站计算机监控系统安装费按监控系统组屏数量计列，套用控制屏柜安装定额，其余监控系统内装置不再另计安装费用。 （4）变电站监控系统价格执行国家电网有限公司信息价，当出线规模发生变化需进行调整。 （5）计算机监控系统包含内容详见当期国家电网有限公司信息价编制说明，不得重复计列；网络记录分析仪含于计算机监控系统中，不再另列设备费。 （6）110kV（66kV）线路保护测控集成装置设备费用未包含在计算机监控系统中，随保护招标需单独计列。	监控系统价格按如下标准调整信息价：增减一回10/35kV出线1.5万元；增减一回110kV出线3万元；增减一回220kV出线4万元；增减一回500kV出线5万元；增减一台220kV主变压器4万元；增减一台330/500kV主变压器5万元	

续表

编号	评审内容	评审要点	参考指标	边界条件
4.1	计算机监控系统	（7）智能汇控柜安装执行就地自动控制屏定额乘以2（不含智能终端等单体调试），其内智能终端、合并单元执行《电力建设工程预算定额（2018年版）第三册　电气设备安装工程》12.8智能变电站调试对应子目。 （8）定额未明确的自动装置柜安装执行同电压等级控制盘台柜安装定额。 （9）监控系统软件修改及接入、保护信息子站接入、母线保护等公用设备接入、其他厂家设备配置文件修改及接入根据设备材料清册执行相应分系统调试定额或“变电站保护盘柜”安装定额（GD5-13～GD5-19）计入安装费。 注意： 1）“项目名称及规格”修改为上述“××软件修改及接入”。 2）工程是否需要相关软件修改及接入以及是否需要考虑费用由技术在设备材料清册中明确，设计咨询部二次专家把关，设备材料清册备注了“考虑费用”的“××软件修改及接入”方可计列费用。 3）间隔改、扩建工程的监控、微机防误等如已计列设备费的，由设备厂家负责相应的软件修改及接入，不再计列对应设备的“软件修改及接入”费用。 （10）监控系统等级保护测评及安全防护评估：220kV及以上新建变电站计列，220kV站5万元，500kV站7万元，列入设备费	监控系统价格按如下标准调整信息价：增减一回10/35kV出线1.5万元；增减一回110kV出线3万元；增减一回220kV出线4万元；增减一回500kV出线5万元；增减一台220kV主变压器4万元；增减一台330/500kV主变压器5万元	

续表

编号	评审内容	评审要点	参考指标	边界条件
4.2	继电保护	（1）保护盘台柜安装未包括各类 IED、监测系统、智能终端、合并单元等安装调试，发生时执行《电力建设工程预算定额（2018 年版）第三册　电气设备安装工程》相应子目。 （2）主变压器保护：220kV 双重化配置为双屏双装置，设备价应在信息价基础上乘以 2；110kV 双套配置不及双重化完整，为一屏双装置，设备价即为信息价。 （3）母联保护设备价格套用国家电网有限公司信息价中相应电压等级线路保护价格；微机母差（母线差动）失灵保护设备价格套用国家电网有限公司信息价中相应电压等级母线保护的价格；光纤电流差动保护设备价格套用国家电网有限公司信息价中相应电压等级线路保护价格。 （4）110kV/66kV/35kV 线路保护、电容器保护、电抗器保护信息价均含测控装置；220kV 及以上线路测控装置由监控系统厂家提供，变电站新建、主变压器扩建工程计算机监控系统费用已包含，间隔扩建工程（未列计算机监控系统）单独计列。 （5）35、10kV 保测一体装置及电能表计由厂家完成组装，不套安装定额		
4.3	直流系统及 UPS	（1）定额中接地（设备接地引下线等）、基础槽钢为定额计价材料；蓄电池支架为未计价材料，但随蓄电池成套供货的支架不计列装材费用。		

续表

编号	评审内容	评审要点	参考指标	边界条件
4.3	直流系统及UPS	（2）蓄电池安装中单位“组”是指一只电池的容量，蓄电池按照220V电压等级编制，110V蓄电池安装时乘以系数0.6。 （3）交直流一体化电源在变电通信共用时，执行电气定额电池安装，柜体另执行有关柜的安装定额。 （4）蓄电池安装中包含了馈电屏、直流联络屏的安装，直流系统绝缘检测装置的安装费也不需另计		
4.4	预制舱式二次组合设备	（1）预制舱安装、舱内智能辅助控制系统及通信系统安装、舱内所有设备单体调试分别执行《电力建设工程预算定额（2018年版）第三册　电气设备安装工程》《电力建设工程预算定额（2018年版）第七册　通信工程》相应子目。 （2）厂家负责安装调试的舱内设备不再单独计列费用。 （3）国家电网有限公司信息价中包含预制舱舱体、舱内辅助设施（照明、暖通、通信等）、故障录波装置、时间同步装置、一体化电源系统、电能量采集终端（仅110kV和66kV变电站采用的预制舱式二次组合设备包含该设备）、集中接线柜及空机柜的设备材料费及安装调试费；不包含保护装置、测控装置、监控系统、网络分析记录装置、电能表等设备的设备费用，但包含预制舱集成厂家对上述设备的安装和调试费用		

续表

编号	评审内容	评审要点	参考指标	边界条件
4.5	智能辅助控制系统	（1）工程可行性研究阶段按设计方案考虑变电站智慧升级费用。 （2）工程初步设计阶段变电站智慧升级仅计列一键顺控费用，其他智慧升级费用需经主管部门同意方可计列		
4.6	在线监测系统	（1）在线监测系统只计避雷器在线监测和主变压器油色谱两项。 （2）各类 IED、监测系统执行《电力建设工程预算定额（2018 年版）第三册　电气设备安装工程》5.10 智能组件安装对应子目，定额费用含单体调试		
5	站用电系统			
	站区照明	高杆照明灯一般指 15m 以上钢质柱形灯杆和大功率组合式灯架构成的照明装置。变电站常规不考虑高杆照明	含税单价：户外照明配电箱 4500 元，圆柱球灯 600 元，防水防尘灯 2000 元	
6	电缆及接地			
6.1	全站电缆			
6.1.1	35kV 及以上电缆	（1）35kV 及以上电力电缆及终端头安装套用《电力建设工程预算定额（2018 年版）第五册　电缆输电线路工程》相应子目。 （2）35kV 及以上电力电缆保护管应计列敷设安装费及材料费。 （3）电缆及电缆头按设备性材料计列。		

续表

编号	评审内容	评审要点	参考指标	边界条件
6.1.1	35kV 及以上电缆	（4）35kV 及以上电力电缆试验执行《电力建设工程预算定额（2018 年版）第五册　电缆输电线路工程》相应子目，详见变电工程调试费用参考标准		
6.1.2	低压电力电缆	（1）低压电力电缆按典型设计量控制。 （2）定额包含电缆敷设、电缆保护管敷设、电缆头制作安装，电力电缆、电缆保护管及接头、6kV 及以上电缆头为未计价材料，需要另计装材。 （3）10kV、大截面 1kV 电力电缆套用预算价；小截面 1kV 及以下电力电缆按变电站电压等级套用相应综合价。无需使用 6kV 以上或以下电力电缆综合价		
6.1.3	控制电缆	（1）控制电缆按典型设计量控制。 （2）计算机电缆敷设执行《电力建设工程概算定额（2018 年版）第三册　电气设备安装工程》控制电缆定额子目，光缆敷设执行《电力建设工程预算定额（2018 年版）第七册　通信工程》相应子目。 （3）模块化智能变电站中光缆为预制光缆，由相应设备厂家随设备一同提供，不计光纤熔接费用，如设计明确需单独采购的应专门说明，单独采购的计列	常规站 AIS 配置：扩建 110kV 间隔，110kV 站内 1.5km，220kV 站内 2.0km；扩建 220kV 间隔，5km；110kV 主变压器，6～10km；220kV 主变压器，12km。 GIS 配置：少于 AIS，差值为 110kV 间隔 475～485m，220kV 间隔 950～970m。 保护更换：1km。 光纤熔接：50 元/点（不取费），不超 1000 点（220kV 站）	

续表

编号	评审内容	评审要点	参考指标	边界条件
6.1.4	电缆支架	（1）需现场制作、安装的电缆钢支架执行铁构件制作、安装定额子目。 （2）定额包含制作安装和接地，支架为未计价材料，需另计装材（《电网工程建设预算编制与计算规定使用指南》补充说明了复合支架为计价材料，以章节说明为准）	220-A2-9：热镀锌槽钢 10 号，3550m；热镀锌角钢∠50×5，2850m。 220-A3-4：热镀锌槽钢 10 号，2000m；热镀锌角钢∠50×5，4000m。 110-A2-5：热镀锌角钢∠40×4，100m；热镀锌角钢∠50×5，1900m；热镀锌角钢∠63×6，100m；热镀锌角钢∠80×8，200m	
6.1.5	电缆槽盒	（1）阻燃槽盒为未计价材料，需要另计装材。 （2）套用装材预算价，槽盒厚度按 2mm 考虑		
6.1.6	电缆保护管	35kV 及以上电力电缆保护管应计列敷设安装费及材料费，其他保护管仅计列材料费		
6.1.7	电缆防火	（1）防火涂料、有机堵料、防火隔板等防火材料均为未计价材料，需要另计装材。 （2）防火涂层板执行防火隔板定额子目，阻燃模块执行防火堵料定额子目	防火膨胀模块：220-A2-9，25m^3；220-A3-4，25m^3。 阻火包：110-A2-5，12m^3。 防火涂料：220-A2-9，2t；220-A3-4，2t；110-A2-5，0.7t。 防火隔板：220-A2-9，300m^2；220-A3-4，50m^2；110-A2-5，120m^2。 防火堵料：220-A2-9，5t；220-A3-4，5t；110-A2-5，1.2t。 充气式电缆封堵材料：220-A2-9，200 套；220-A3-4，120 套	

续表

编号	评审内容	评审要点	参考指标	边界条件
6.2	全站接地			
6.2.1	接地	（1）全站接地安装工程量仅计算水平接地母线及离心杆构架接地垂直长度。 （2）接地网工程量按典型设计量控制。 （3）未计价材料：接地母线、铜鼻子、接地模块、接地极、石墨电极。 （4）设备接地引下线安装包含在设备安装定额中；材料为定额计价材料，无需另计装材费用。 （5）铜绞线：用于连接二次设备或有二次设备的一次设备（如含汇控柜的 GIS）与接地铜排，新建220kV 变电站一般 1000m。单独计列主材费用。 （6）热熔焊接：用于扁铁与接地铜排搭接，主要应用于建筑内（如主接地网采用铜排，一次设备通过扁钢与主接地网连接）。执行《电力建设工程预算定额（2018 年版）第三册　电气设备安装工程》	220-A2-9：主接地网，2000m（铜排）。 220-A3-4：主接地网，2500m（铜排）。 220-B-2：主接地网，3500m（热镀锌扁钢）。 110-A2-5：主接地网，1900m（铜排）。 110-A2-4：主接地网，1500m（铜排）。 110-C-4（3）：主接地网，2000m（热镀锌扁钢）。 35-E3-1：主接地网，600m（热镀锌扁钢）	
6.2.2	接地降阻处理	应有明确的设计方案，按实计列	接地模块：200 元/块 离子接地极：1800 元/根	
6.2.3	接地深井	（1）执行 GD8-8 深井接地埋设定额（一口井一根，不含钻井费用、接地极材料费）。 （2）钻井费用套用接地深井成井定额；斜井定额乘以系数 0.7。 （3）未计价材料：降阻剂。	降阻剂按 4kg/m，5.6 元/kg 控制	

续表

编号	评审内容	评审要点	参考指标	边界条件
6.2.3	接地深井	（4）深井孔径 50mm，根据设计提资计列降阻剂安装及材料费用	降阻剂按 4kg/m，5.6 元/kg 控制	
7	通信及远动系统			
7.1	通信系统	通信设备工程（即站端通信工程）建设预算书并入变电站工程 7.1 通信系统，工作内容包括通信设备（传输网设备、业务网设备、支撑网设备等）安装、调试，引入光缆敷设、接续、测试		
7.1.1	通信设备（详见通信调测表）	国网信息价格光端机价格包含各类板件，不得重复套用。 网络管理系统安装调测只适用于新建的网络管理系统（调度端），变电站不计列		
7.1.2	辅助设备	机柜（架）安装执行《电力建设工程预算定额（2018年版）第七册　通信工程》YZ14-1。 分配架整架安装按成套基本配置取定，包括机柜安装，基本配置以外执行子架子目（基本配置为光分配架 ODF144 芯、数字配线架 DDF128 系统、音频配线架 VDF300 回、网络分配架 IDF288 口）。 分配架扩容时执行子架子目，包括子框和端子板的安装。 综合配线架安装包括机柜安装，不论容量大小不做调整。不随机柜成套供应的配线模块另行计列，执行子架子目		

续表

编号	评审内容	评审要点	参考指标	边界条件
7.1.3	交换设备	电话、IAD 设备安装执行《电力建设工程预算定额（2018 年版）第七册　通信工程》第 5、16 章相应子目		
7.1.4	设备电缆	（1）设备之间（设备与设备间的外部连线）执行《电力建设工程预算定额（2018 年版）第七册　通信工程》第 15 章相应子目。 （2）成套通信设备内部的配线由厂家成套配置，费用含于相应设备费		
7.1.5	通信业务调试	指端与端之间具体业务通道的开通、调试，不论中间经过多少站点均按 1 条业务计列		国家电网电定〔2018〕24 号
7.1.6	光缆敷设	（1）与通信线路截面划分： 1）架空出线：光缆通信线路与变电站以构架接头盒为界，接头盒归为线路工程，接头盒内的光缆接续计入变电站工程。从接头盒到机房光纤配线架的光缆为引入光缆，属于变电站工程。 2）电缆出线：光缆通信线路与变电站以变电站通信机房光纤配线架为界。光缆线路从配线架开始，包括站内站外。 （2）接头盒内的光缆接续执行《电力建设工程预算定额（2018 年版）第七册　通信工程》第 13 章厂（站）内光缆熔接相应子目。 （3）子管敷设（一般为 PVC 软管，管径 25～32mm）材料费根据材质及管径采用装材价		

续表

编号	评审内容	评审要点	参考指标	边界条件
7.2	远动及计费系统	电量计费系统、数据网接入系统及安全防护设备等		
	数据网接入系统	（1）执行《电力建设工程预算定额（2018 年版）第七册　通信工程》第 7 章相应子目。 （2）路由器、网络交换机安装已包括公共部分及光模块的安装调测。 （3）路由器与路由器之间（站与站之间）采用光模块直连时，两端光路调测分别执行“数字线路段光端对测中继站”子目		
8	全站调试（详见变电工程调试费用参考标准）	变电站改造工程中计算机监控系统、交直流一体化电源系统等变电站整套系统全部更换时，与之配套的全站调试工程（特别是分系统调试工程）定额调整系数可参照执行新建工程系数，即定额调整系数不乘以主变压器扩建系数		
（二）	辅助生产工程			
	验电、检修小车	10kV 开关柜验电、检修小车等检修工具设备计入辅助生产工程费		
（三）	与站址有关的单项工程			
	站外电源			

续表

编号	评审内容	评审要点	参考指标	边界条件
	停电过渡	（1）过渡费不能按一笔性费用列入，应按设计审定的技术方案及设备材料表分项计列安装费和设备租赁费，不计材料费（材料按老旧物资利旧考虑）。 （2）一般不考虑站外过渡，有方案时站外过渡电缆材料费按 1/6 摊销	租金标准：变压器、环网柜等设备按 20 年折旧	
（四）	设备及其他说明			
1	安装工程分部分项工程划分	（1）主变压器高中低压侧间隔装置性材料应计入主变压器系统。 （2）变电站电缆全部计入全站电缆，不能计入其他分部分项工程。 （3）接地全部计入全站接地		
2	设备费	（1）设备材料价格原则上参照执行国家电网有限公司发布的当期信息价，当有特殊情况时，可参照执行近期设备材料中标价。 （2）信息价中已考虑配套设备支架费用。 （3）没有国家电网有限公司信息价格的设备参照同期省公司中标价格。 （4）上述两条均未找到可以参考的价格，应进行询价。 （5）询价应发出书面询价函，并获取书面回函方能作为参考价格。	设计单位询价函应明确价格有效时间段（至少为 6 个月以上），明确价格控制范围为当期国家电网有限公司信息价 1.3 倍以内。询价超过信息价 1.3 倍，向建设管理单位或上级管理部门汇报并协调解决	厂家正式回函

续表

编号	评审内容	评审要点	参考指标	边界条件
2	设备费	（6）概算中设备应标明影响价格的关键参数，同国家电网有限公司信息价格标准模式。 （7）单一来源采购：主变压器扩建、间隔扩建工程的 GIS，已有开关柜的母线段上新增开关柜；设备价格原则上根据询价函按信息价的 1.3 倍控制。 （8）设备运杂费仅计取卸车保管费。 （9）拆除设备卸车及保管、回运仓库运输的费用，运距在 5km 及以内的运输和装卸费已包括在拆除费用中，5km 以外的运输费用按《电网工程建设预算编制与计算规定使用指南（2018 年版）》中设备运杂费章节有关规定计列。 （10）利旧设备拆除后需运往地市中心仓库，其运输费计入拆除站项目；由拆除站或中心仓库运往利用站的运输费计入利用站项目；如需在基建工程中开列利旧设备检测等费用，应经技术人员评审同意并提供省公司设备部的依据文件	设计单位询价函应明确价格有效时间段（至少为 6 个月以上），明确价格控制范围为当期国家电网有限公司信息价 1.3 倍以内。询价超过信息价 1.3 倍，向建设管理单位或上级管理部门汇报并协调解决	厂家正式回函
四	其他费用			
1	建设场地征用及清理费			
1.1	土地征用费			

续表

编号	评审内容	评审要点	参考指标	边界条件
1.1.1	征地费	（1）原则上执行赔付标准不得超过协议补偿单价。已签征地合同的按合同金额计列费用的，应重点审查合同包含的范围，如包含场平、进站道路、挡墙等费用，则在本体内不应重复计列。 （2）未签订征地合同的项目原则按湘电建定〔2016〕1号执行，如果与政府初步达成意向的项目，应提供费用测算明细及测算依据，重点审查依据的合法性，原则应执行省级文件；不需报国家电网有限公司审查项目，如征地费用超过政府文件规定标准，其费用测算表需属地公司分管领导签字并盖局公章。 （3）如项目征地有重大拆迁、需要购买征地指标等特殊情况应提供上级主管部门的书面处理意见。 （4）与各市州政府签有战略合作协议时应严格执行其中的费用标准，如有变更需提供与协议签字人同级别领导签字认可的证明材料，并向省公司建设部沟通汇报		需提供征地红线范围图，用地预审批复意见
1.1.2	征地面积	（1）重点审核与通用设计对比，围墙内面积原则上不得突破通用设计面积。 （2）代征面积原则上不得超过10%。 （3）如果超过上述任一原则，则应提交上级主管部门的书面处理意见	220-A2-9：围墙内占地面积7735m^2，计算式=119×65。 220-A3-4：围墙内占地面积9095m^2，计算式=107×85。 220-B-2：围墙内占地面积15592.5m^2，计算式=135×115.5。 110-A2-5：围墙内占地面积4053m^2，计算式=96.5×42。	需提供征地红线范围图，用地预审批复意见

续表

编号	评审内容	评审要点	参考指标	边界条件
1.1.2	征地面积	（1）重点审核与通用设计对比，围墙内面积原则上不得突破通用设计面积。 （2）代征面积原则上不得超过10%。 （3）如果超过上述任一原则，则应提交上级主管部门的书面处理意见	110-A2-4：围墙内占地面积3910.4m²，计算式=94×41.6。 110-C-4（3）：围墙内占地面积5469.75m²，计算式=76.5×71.5。 35-E3-1：围墙内占地面积1363m²，计算式=47×29	需提供征地红线范围图，用地预审批复意见
1.2	施工场地租用费			
	施工临时用地费	（1）按设计提出的初步方案核实临时工地面积。 （2）按当地市场价格计列费用。 （3）方案暂按控制标准估列	按如下标准控制：500kV，20万元；110kV，10万元；35kV，5万元	临时用地方案
1.3	迁移补偿费			
1.3.1	房屋、厂矿、杆线等大额拆迁	（1）审查迁移方案、工程量、计费单价。 （2）得估列费用。 （3）重大迁改应提供上级主管部门的书面处理意见	政府拆迁标准	迁坟明细
1.3.2	坟墓迁移	（1）核实迁坟实际情况。 （2）执行县级及以上政府文件	迁坟费用参考：1000～5000元/座（明坟不超5000元/座，暗坟不超1000元/座）	迁坟明细
2	项目建设管理费			

续表

编号	评审内容	评审要点	参考指标	边界条件
	设备材料监造费	（1）设备监造范围：变压器、电抗器、断路器、隔离（接地）开关、组合电器、串联补偿装置、换流阀、阀组避雷器等主要设备。 （2）如果扩大范围对其他设备进行监造、监制时，费用不调整	设备购置费×费率	
3	项目建设技术服务费			
3.1	项目前期工作费	（1）按合同金额计列。 （2）未签订合同的，原则上不计列，确实需要发生的建设管理单位出具需求确认，价格标准按湘电建定〔2020〕1 号执行	湘电建定〔2020〕1 号	合同、盖章的需求确认表
		（3）节能评估费取消	发改环资规〔2017〕1975 号	
3.2	勘察费	（1）勘察复杂程度根据可行性研究报告站址选择部分据实计列（需要时参考：一般地质选择Ⅰ/Ⅱ类，砾石等含硬杂质大于 25%时的地质可选Ⅲ类，其他一般不超过Ⅲ类）		
		（2）勘察费附加调整系数：土质边坡大于 15m、岩质边坡大于 30m 时增加人工高边坡勘察 1.1；测土壤电阻率及大地电导率增加 0.05；气温调整不考虑；新建变电工程以安装一台变压器为计费标准按基价收费，每增加一台（按本期主变压器台数计列）视为规划容量内扩建增加 0.3，规划容量外扩建一般不考虑	《国家电网公司输变电工程通用造价（2014 年版）》：110kV 变电站，30 万元；220 变电站，50 万元。 ××220 变电站按新建一台主变压器，无任何特殊情况，复杂程度全部为 III 类考虑，勘察费为 46.45 万{[15.8＋（22.91－15.8）/（52－35）×10]×1.8 施设×1.05 测电阻率×1.23 作业准备费）}	

续表

编号	评审内容	评审要点	参考指标	边界条件
3.2	勘察费	（3）改扩建工程可单独计列勘察费，原则上勘察费的复杂程度（地形、通视通行、地物、工程地质、水文气象）为I，附加调整系数为“扩建工程：规划容量内扩建×台主变压器”对应的调整系数	扩建工程每扩建一台（按本期主变压器台数计列），视为规划容量内扩建0.3，两台0.6，以此类推（扩建工程第一台变压器即开始调系数）	
3.3	设计费	（1）初步设计阶段按照国家电网电定〔2014〕19号计列。 （2）改扩建复杂调整系数根据工程复杂程度按1～1.2考虑。 （3）总体设计费一般不计，在特大项目分多个设计单位设计时，指定牵头汇总的设计单位可计算总体设计费。 （4）可行性研究、初步设计一体化招标的工程，可行性研究、初步设计阶段均按文件计列勘察设计费；非研设一体化工程，可行性研究根据文件计列，初步设计根据合同计列	国家电网电定〔2014〕19号	
3.4	项目后评价费	根据后评价项目清单按《电网工程建设预算编制与计算规定（2018年版）》计列		
3.5	工程建设检测费	工程质量第三方实测实量项目按湘电公司建设〔2019〕131号执行，其中仅桩基检测费根据实际工程量在工程建设检测费中计列，其他检测费用由法人管理费中开支	湘电公司建设〔2019〕131号	

续表

编号	评审内容	评审要点	参考指标	边界条件
3.6	桩基检测费	（1）低应变检测： 1）混凝土灌注桩，甲级不应少于总桩数的 50%，且不宜少于 20 根；其他不应少于总桩数的 30%，且不宜少于 10 根；每个承台不应少于 1 根。 2）混凝土预制桩，甲级不应少于总桩数的 30%，且不宜少于 20 根；其他不应少于总桩数的 20%，且不宜少于 10 根；每个承台不应少于 1 根。 3）省内工程按 100%检测考虑	数量标准：DL/T 5493—2014《电力工程基桩检测技术规程》3.4 款，JGJ 106—2014《建筑基桩检测技术规范》	
		（2）高应变检测： 1)打入式预制桩打桩过程跟踪检测数量不应少于总桩数 3%，且不应少于 5 根。 2）混凝土灌注桩不应少于总桩数 5%，且不应少于 5 根。 3）预制桩，甲级不应少于总桩数的 7%，且不应少于 10 根；乙级不应少于总桩数的 5%，且不应少于 5 根；丙级不应少于总桩数的 3%，且不应少于 3 根。 4）钢桩不应少于总桩数的 5%，且不应少于 10 根	费用标准：湘电公司建设〔2019〕131 号、湘质安协字〔2016〕19 号	
		（3）静载试验： 1）混凝土灌注桩不应少于总桩数 1%，且不应少于 5 根；当总桩数在 50 根以内时不应少于 2 根。 2）预制桩不应少于总桩数 1%，且不应少于 3 根；当总桩数在 50 根以内时不应少于 2 根。		

续表

编号	评审内容	评审要点	参考指标	边界条件
3.6	桩基检测费	3）钢桩不应少于总桩数 1%，且不应少于 3 根；当总桩数在 50 根以内时不应少于 2 根。 4）试验桩试验荷载为实际承载力的 3 倍		
		（4）一般情况下单桩静载试验或高应变检测二选其一		
		（5）试验桩已做静载试验，则工程桩仅做高应变检测		
		（6）成孔质量检测：灌注桩不应少于总桩数 10%（无资料不予计列）		
		（7）原则上不考虑上述项目以外的其他检测		
		（8）检测等级： 甲级：构支架、综合楼、大跨越或复杂地基。 乙级：甲级和丙级以外的检测项目。 丙级：警传室、围墙、车棚、临时建筑且为简单地基		
3.7	沉降观测费	不予单独计列，施工过程中的沉降观测费用在企业管理费中开支	运行期间的观测费用在运维成本中考虑	

续表

编号	评审内容	评审要点	参考指标	边界条件
3.8	消防检测费	不予单独计列，在项目法人管理费中开支		
4	生产准备费	车辆管理购置费不计列，其他按《电网工程建设预算编制与计算规定（2018年版）》规定费率计取	执行《电网工程建设预算编制与计算规定（2018年版）》规定费率	具体方案、工程量、上级主管部门的书面处理意见
5	大件运输措施费	（1）参照执行国家电网电定〔2014〕9号，大件运输措施费（修路修桥等）根据运输措施方案计算。 （2）需要重大修路、修桥应取得上级主管部门的书面处理意见	国家电网电定〔2014〕9号	

二、变电工程施工图预算评审要点

序号	评审内容	评审要点	参考	边界条件
一	总则			
1	与概算对比	对照概算批复，工程投资不超概算；审查与初步设计的差异，对与初步设计有较大变化的量和价，应重点审查，落实具体原因，与其他专业协调一致；超概算批复项目应按初步设计批复部门的书面意见办理	国家电网有限公司输变电工程施工图预算管理办法	国网（基建/3）957-2019
2	编制年价差	采用当期人材机调差文件		定额〔2021〕3号
3	基本预备费	执行《电网工程建设预算编制与计算规定（2018年版）》	预算阶段费率1%	

续表

序号	评审内容	评审要点	参考	边界条件
4	特殊费用	工程现场人员管理系统费用不再单独列入特殊项目费用中，由安全文明施工费和项目法人管理费（工程信息化管理费）解决		基建技经〔2020〕29号
5	建设期贷款利息	依据国发〔2015〕51号，资本金比例按20%，贷款计算年限1年	执行现行利率（LPR）	国发〔2015〕51号
二	建筑工程			
（一）	主要生产工程			
1	主要生产建筑			
1.1	配电、主控及综合楼建筑	（1）按照施工图计算土方、基础、墙体、地面、楼屋面及装饰等工程量，套用相应定额		配电、主控及综合楼建筑平面图、立面图、剖面图、结构图、细节做法详图等
		（2）①基础与墙身使用同一材料时，以室内设计地坪分界，以下为基础，以上为墙身。②基础与墙身使用不同材料时，位于设计室内地坪±300mm以内时，以不同材料为界；超过±300mm时，以设计室内地坪为界。③有地下室者，以地下室室内地坪分界		
		（3）外墙高度根据屋顶形式分别计算，作为外墙部分的女儿墙单独计算工程量，执行外墙定额		

续表

序号	评审内容	评审要点	参考	边界条件
1.1	配电、主控及综合楼建筑	（4）计算墙、间壁墙、电梯井壁工程量时，应扣除门、窗洞口及单个面积 0.3m² 以上的孔洞所占体积		配电、主控及综合楼建筑平面图、立面图、剖面图、结构图、细节做法详图等
		（5）楼板按混凝土实体体积以立方米计算，应扣除单个面积 0.3m² 以上的空洞体积		
		（6）水泥砂浆地面定额中包括了水泥砂浆踢脚板的费用，水泥砂浆踢脚板不单独计算。其他面层地面定额中不包括踢脚板费用，踢脚板根据材质单独计算。不做水泥砂浆地面时，方可套用水泥砂浆踢脚板定额子目		
		（7）块料踢脚板的高度是按照 150mm 编制的，工程设计超过 150mm 且小于 300mm 时材料用量可以调整，人工与机械台班数量不变。当踢脚板高度大于 300mm 时执行相应的墙或柱面定额		
		（8）小型混凝土构件安装是指预制雨棚、遮阳板、通风道、垃圾道、楼梯踏步及单件体积小于 0.1m³ 的构件安装		
		（9）台阶混凝土含量是按 0.173m³/m² 综合编制的，如设计含量不同时，可以换算；台阶包括混凝土浇筑及养护内容，未包括基础夯实、垫层及面层装饰内容，发生时执行《电力建设工程预算定额（2018 年版）第一册　建筑工程》相应子目		

续表

序号	评审内容	评审要点	参考	边界条件
1.1	配电、主控及综合楼建筑	（10）钢筋连接用量按照施工图规定或规范要求计算。如施工图未注明，以单位工程施工图设计钢筋总用量为计算基数，按照4%计算，并入钢筋用量		配电、主控及综合楼建筑平面图、立面图、剖面图、结构图、细节做法详图等
		（11）地面与墙面连接处高度在500mm以内的防潮、防水层按照展开面积计算，并入地面工程量内；高度超过500mm时，按照立面防潮、防水层工程量计算		
		（12）地下电缆层应考虑墙面及地面防水，并按照施工图所列防水卷材做法计算工程量，套用相应定额		
		（13）地下电缆层混凝土如需加抗渗剂，根据设计方案计列费用		
		（14）钢框架结构楼面、屋面加混凝土结构层	厚度参考120～150mm	
		（15）柱脚混凝土包脚及预埋地脚螺栓需计列费用		
1.2	钢结构建筑钢梁、钢柱、钢檩条、钢屋架	（1）主控楼钢结构部分，做法、工程量及套用定额参照宣贯典型设计工程。 （2）未按照典型设计方案设计的，按照施工图计算钢结构构件成品质量	湖南省110kV智能变电站模块化建设施工图通用设计、35～220kV变电站钢结构建筑物（2020年版）通用造价宣贯版，详见本部分三、钢结构建筑造价指标表	钢结构建筑平面图、立面图、剖面图、结构图、细节做法详图等
1.3	给排水	（1）定额中包括管道、阀门、法兰、洁具材料费。 （2）电热水器、饮水机等建筑设备费不在基建费用列支，由生产成本列支		室内给排水及消防布置图

续表

序号	评审内容	评审要点	参考	边界条件
1.4	通风空调	（1）空调机、风机盘管、风机箱、轴流风机、消声装置、减震装置、屋顶通风器为设备，安装费包含在定额中。 （2）定额中包括被安装的材料费、风道、风管、风阀、风口、风帽等材料费，不包括通风、空调等设备费。 （3）定额中成品百叶窗是按铝合金材质考虑，材质不同时可替换		通风空调施工图
1.5	照明	（1）灯具、开关、插座、按钮等预留线分别综合在相应项目内，不另行计算。 （2）室内照明配电箱、配电盘、配电柜按设备考虑，设备费及安装费未包含在定额中。 （3）定额中包括电线管、电线、灯具、开关、插座、接地极、门铃等主要材料费。 （4）照明电缆工程由一次专业列，室内照明电缆计入此部分，室外照明电缆计入安装工程		
2	配电装置建筑			
2.1	主变压器基础	（1）主变压器基础按照图示尺寸以立方米计算，不扣除钢筋、铁件和螺栓所占体积，扣除单个面积 $0.3m^2$ 以上孔洞所占体积。 （2）主变压器基础不含垫层体积，费用需另计。 （3）变压器基础油池定额包括安装油箅子（不含油箅子材料费）。 （4）钢筋、铁件和螺栓等安装费及材料费另计		主变压器基础、主变压器散热器、主变压器油池等施工图

续表

序号	评审内容	评审要点	参考	边界条件
2.2	事故油池	（1）砖砌事故油池按施工图实体积以立方米为单位计算工程量。 （2）钢筋、铁件和螺栓等安装费及材料费另计。 （3）成品事故油池按主材计列（不取费），土方开挖、垫层、底板、成品吊装套相应章节定额计价。 （4）排油管安装及材料费另计		事故油池等施工图
2.3	构架及设备支架	（1）构架、支架、钢梁、附件应根据安装高度分别计算工程量。 （2）构支架安装定额中包括了主材费用，安装的计量单位改成构支架的体积或质量，不再考虑构支架的组成形式。 （3）离心杆构支架按照安装后成品外轮廓体积以立方米计算工程量。离心杆长度包括插入基础部分长度。 （4）断路器、隔离开关、中性点等设备厂家自带支架时，支架材料费已含在设备信息价中，支架材料费不另计，只计支架基础及安装费		构支架及基础图、构支架轴测图等
2.4	设备基础（主变压器除外）	（1）按照设备基础体积计算工程量，基础垫层另计。 （2）设备基础不包括钢筋、铁件制作与预埋，按施工图纸另计。 （3）电容器部分需考虑电容器基础及土方、电容器围栏基础及土方（或预埋铁）、配到隔离开关基础及土方、电容器区域地坪		各设备基础施工图

续表

序号	评审内容	评审要点	参考	边界条件
2.5	站内电缆沟	（1）站内电缆沟按施工图计算工程量。 （2）室内外电缆沟盖板采用工厂化预制式电缆沟盖板时，盖板价格按 450 元/m^2 计列（含税价）		电缆沟、沟盖板施工详图
3	供水系统			
3.1	站区供水管	（1）按照管中心线长以米为单位长度计算工程量，不扣除管道接头所占的长度。扣除管道弯道头、管道连接段、阀门所占长度。 （2）管道安装定额中，不包括土方、垫层、底板、支墩、管道弯头、连接件等工作内容。 （3）管道安装定额中，包括管道场内运输、安装损耗费用		站内外给排水布置图
3.2	深井	深井取水执行《电力建设工程概算定额（2018 年版）第一册　建筑工程》相应定额计列费用		
4	消防系统			
	消防泵房	（1）按施工图计算工程量，按土方、基础、墙体、地面、楼屋面及装饰等按施工图计算工程量，套用相应定额。 （2）消防水池按照混凝土体积计算工程量，包括底板、壁板、垫层、隔墙、支柱、集水坑、人孔、支墩、设备基础等，土方开挖执行相应定额，按主要构筑物计算工程量		消防泵房建筑平面图、立面图、剖面图、结构图、细节做法详图等
5	避雷针塔	避雷针塔按照安装后成品质量以吨计算工程量。避雷针根据设计图纸划分单独计算工程量，执行相应定额		

续表

序号	评审内容	评审要点	参考	边界条件
（二）	辅助生产工程			
1	辅助生产建筑			
	警卫室			警卫室建筑平面图、立面图、剖面图、结构图、细节做法详图等
2	站区性建筑			
2.1	场地平整	（1）土石方比例按地勘报告核定。 （2）土石方量按场地平衡图计算核定，不得随意估列。 （3）大型独立土石方工程（开挖与回填量大于 1 万 m^3）综合费率（含措施费、间接费、利润）：直接工程费×16.59%（独立：单独签订发承包合同）。 （4）土石方混合回填碾压时，石方比例大于 35%时，按照石方回填碾压计算；石方比例小于等于 35%时，按照土方回填碾压计算。 （5）土石方定额中不含施工降水、排水费用，如有发生，按降、排水定额子目执行。 （6）定额土石方运输按小于等于 30km 编制，外运土所产生的余土堆置等其他费用执行市政相关依据文件。 （7）中心城区土方运输需按市政环保等部门要求采用智能密封等环保车运输时，运输费用执行市政相关依据文件计列		地勘报告、场地土石方平衡图等

续表

序号	评审内容	评审要点	参考	边界条件
2.2	站内地坪及道路	（1）道路基层、底层、面层按照图示尺寸以体积计算工程量，分别套用《电力建设工程预算定额（2018 年版）第七册　建筑工程》相应子目。 （2）计算体积时，不扣除路面上的雨水井、给排水井等所占面积。路面上各种井按照相应定额另行计算费用。 （3）道路路缘石、伸缩缝、切缝按照图示尺寸以延长米计算工程量。 （4）路面不含钢筋、铁件，如设有时，应另执行《电力建设工程预算定额（2018 年版）第一册　建筑工程》第 5 章相应子目		站区道路及地坪做法施工图
2.3	站区排水管	（1）按照管中心线长以米为单位长度计算工程量，不扣除管道接头所占的长度；扣除管道弯道头、管道连接段、阀门所占长度。 （2）管道安装定额中，不包括土方、垫层、底板、支墩、管道弯头、连接件等工作内容。 （3）管道安装定额中，包括管道场内运输、安装损耗费用		站内外给排水布置施工图
2.4	围墙及大门	（1）砌体围墙按土方、基础、墙体、柱装饰等按施工图计算工程量，套用相应定额，扣除边门及大门柱所占的面积。 （2）钢围栅、铁艺围栅等按照施工图图示外轮廓尺寸以平方米为单位计算工程量并套用相应定额。		站区围墙、变电站大门施工图

续表

序号	评审内容	评审要点	参考	边界条件
2.4	围墙及大门	（3）钢格栅大门、不锈钢大门等按照施工图图示外轮廓尺寸以平方米为单位计算工程量并套用相应定额。 （4）简介牌按 2500 元/站计列		站区围墙、变电站大门施工图
3	特殊构筑物			
3.1	挡土墙	（1）按照施工图挡土墙做法、长度及高度计算工程量，分别套用《电力建设工程预算定额（2018 年版）第一册　建筑工程》相应子目。 （2）砖砌挡土墙，墙厚两砖以上执行砖基础定额，两砖以内执行外砖墙定额		站区挡土墙施工图
3.2	护坡	（1）喷射混凝土支护按照施工图喷射混凝土表面积以平方米计算，定额中不包括钢筋网片的制作、安装、吊装费用，工程发生时按照钢筋笼、网定额另行计算。 （2）锚杆支护中锚杆钻孔、灌浆按照入土长度以延长米计算；锚杆制作、安装按照施工图以吨计算；需要搭拆脚手架时，按照实际搭设长度乘以 2m 宽计算工程量，执行《电力建设工程预算定额（2018 年版）第一册　建筑工程》满堂脚手架子目。 （3）护坡高度超过 4m 时，定额人工费乘以 1.14 系数		站区护坡施工图
4	全站沉降观测点	沉降观测标及沉降观测标保护盒，按照设计图示数量以套计算工程量	《电力建设工程预算定额（2018 年版）第一册　建筑工程》YT6-94 YT6-95	

续表

序号	评审内容	评审要点	参考	边界条件
5	站区绿化/站区碎石	绿化地坪：绿化面积按施工图计列	《电力建设工程预算定额（2018年版）第一册 建筑工程》YT14-28	站区绿化/站区碎石施工图
		碎石地坪：灰土、碎石厚度按施工图计列	《电力建设工程预算定额（2018年版）第一册 建筑工程》YT13-255 YT13-258	
（三）	与站址有关的单项工程			
1	地基处理	（1）桩基础按照施工图计列工程量，并套用《电力建设工程预算定额（2018年版）第一册 建筑工程》相应子目。 （2）换填定额子目中不包括被换填土方的开挖、运输费用，其他费用按照《电力建设工程预算定额（2018年版）第一册 建筑工程》第1章相应定额另行计算。 （3）强夯工程不分土壤类别，一律按《电力建设工程预算定额（2018年版）第一册 建筑工程》执行，机械定额中已综合考虑，实际不同时，不做调整		地勘报告、地基处理方案、桩基布置图、桩基型号数量一览表
2	站外道路	（1）道路基层、底层、面层按照图示尺寸以体积计算工程量，分别套用《电力建设工程预算定额（2018年版）第一册 建筑工程》相应子目。 （2）计算体积时，不扣除路面上的雨水井、给排水井等所占面积。路面上各种井按照相应定额另行计算费用。 （3）道路路缘石、伸缩缝、切缝按照图示尺寸以延长米计算工程量		站外道路做法施工图

续表

序号	评审内容	评审要点	参考	边界条件
3	站外水源	（1）站外水源接入费用按实际工程量，执行市政定额计列费用。 （2）不得计取没有政策依据的一笔性费用		站内外给排水布置图（水源接入需有明确的设计方案，路径图、接引点）
4	站外排水			站内外给排水布置图
5	施工降水	根据设计方案计列		
6	临时工程			
6.1	临时施工电源	（1）根据施工电源的外接方案，设计提资，套用相应定额计价	变压器租赁费不计（仅计变压器高压侧以外的装置及线路）	有明确的设计方案，路径图、杆塔明细表、主要材料表
		（2）预算执行《20kV 及以下配电网工程建设预算编制与计算规定（2016 年版）》	电缆费用按 1/6 摊销	根据建设〔2018〕159 号文，可行性研究设计阶段，市州供电公司发展部书面明确批复接入方案，明确临时用电或永临结合；初步设计阶段：市州公司建设部代表属地市州公司对设计文件进行盖章确认
		（3）临时用电方式时，施工电源费用（变压器及其低压侧部分）在工程临时设施费中计列	10kV 架空线路 15 万/km 控制［《国家电网公司输变电工程通用造价（2014 年版）》］	
		（4）永临结合时费用列入安装工程站外电源部分		

续表

序号	评审内容	评审要点	参考	边界条件
（四）	其他说明			
	商品混凝土	城区中心、周边变电站工程统一按采用商品混凝土浇筑考虑，按当期信息价中商品混凝土价格调整价差，其余变电站工程按实际混凝土做法调差		湘电公司建设〔2019〕359 号
（五）	措施项目			
	脚手架工程	（1）除室外高度大于 3.6m 天棚吊顶应单独计算满堂脚手架外，执行综合脚手架定额的工程，不再计算其他单项脚手架。 （2）围墙、挡土墙、防火墙、挡煤墙等双面抹灰时，增加一面脚手架。 （3）埋置深度大于 3m 时，执行单排脚手架		
三	安装工程及设备			
（一）	主要生产工程			
1	主变压器系统			
	主变压器	（1）主变压器带有载调压乘以系数 1.1。 （2）110kV 及以上主变压器户内安装人工费乘以系数 1.3。 （3）变压器散热器分体布置时人工费乘以系数 1.1。 （4）油过滤未包含在变压器安装定额中，变压器干燥未包含，如有另计。		设计说明书、施工图、设备材料清册

续表

序号	评审内容	评审要点	参考	边界条件
	主变压器	（5）10kV 油浸式电力变压器安装执行 35kV 变压器定额子目乘以系数 0.6。 （6）干式变压器如带有外罩，安装定额中人工费及机械费都乘以系数 1.1。 （7）铁构件的制作及安装费未含于设备安装费中，另计安装费及装材费。 （8）其他未计价材料：接地引下线、设备间连线、引下线、金具，各项材料需分型号套用装材预算价格		设计说明书、施工图、设备材料清册
2	配电装置			
2.1	配电装置	（1）110kV 及以上设备安装在户内人工乘以系数 1.3。 （2）断路器每台为三相，互感器每台为单相，隔离开关每组为三相。 （3）SF_6 全封闭组合电器（带断路器）以断路器数量计算工程量。 （4）SF_6 全封闭组合电器（不带断路器）以母线电压互感器和避雷器之和为一组计算工程量，每组为一台。 （5）为远景扩建方便预留的组合电器，前期先建母线及母线侧隔离开关，套用 SF_6 全封闭组合电器（不带断路器）定额，每间隔为一台。 （6）GIS 套管（如有时）计安装费，不计材料费。 （7）GIS 和 AIS 设备信息价中如已包含智能汇控柜，则不能重复计列此项设备费，智能汇控柜的安装费单独计列于控制及直流系统。		设计说明书、施工图、设备材料清册

续表

序号	评审内容	评审要点	参考	边界条件
2.1	配电装置	（8）GIS 设备间隔之间的连接母线已包含在 GIS 设备信息价中，不再单独计列设备费（按定额计安装费），间隔之外的主母线按技术工程量另计设备性主材费。预留间隔配套主母线材料费用另计。 （9）GIS 安装高度在 10m 以上时，定额人工费乘以系数 1.05，机械费乘以系数 1.2。 （10）10kV 开关柜的设备信息价中如未包含接地小车、验电小车和检修小车，需另计设备费，费用列于辅助生产工程。 （11）定额计价材料：设备接地引下线、镀锌材料；其他未计价材料：设备间连线、引下线、金具、悬垂绝缘子，各项材料需分型号套用装材预算价格。 （12）配电装置安装定额中未包括设备支架制作安装，如设备价格中未包括此项，则需另计制作安装费和装材费。 （13）国家电网有限公司信息价格隔离开关如已包含设备支架，则不能在安装工程中重复计列支架装材和制作费，仅计列支架安装费。 （14）铁构件的制作及安装费未含于设备安装费中，另计安装费及装材费		设计说明书、施工图、设备材料清册
2.2	预制舱式一次组合设备	（1）执行《电力建设工程预算定额（2018 年版）第三册　电气设备安装工程》相应子目，含单体调试费。 （2）舱内设备安装由厂家负责		

续表

序号	评审内容	评审要点	参考	边界条件
2.3	母线、绝缘子	（1）110kV 及以上软母线、支持绝缘子安装在户内时人工费乘 1.3。 （2）绝缘铜管母线安装执行管型母线定额乘 1.4。 （3）带形母线、管形母线、槽型母线和封闭母线定额中未包含支架制作安装，需另计支架制作安装费和装材费；带形铜母线、铝母线安装，执行同截面铝母线定额子目乘以系数 1.4；铜管母线安装执行同管径支持式管形母线（铝管）定额子目乘以系数 1.4。 （4）全绝缘铜管母线作为设备性材料计列。 （5）穿墙套管安装定额中未包含穿通板制作安装。 （6）未计价材料：支柱绝缘子、绝缘子串、穿墙套管、软母线、引下线、跳线、封闭母线、带型母线、槽型母线、管型母线、管型母线衬管、阻尼导线、金具（设备线夹、悬垂线夹、悬挂金具等）、绝缘热缩管。 （7）带形母线材料费仅计室内穿墙套管至进线开关柜段，10kV 开关柜内材料费含于设备价。 （8）母线及配套金具分型号套用装材预算价格。 （9）管形母线伸缩节头安装，可执行管形母线伸缩节头安装定额子目乘以系数 1.5。 （10）引下线、接地引下线、设备连线安装费未含于相应设备安装费中，另计安装费及装材费。 （11）支架、铁构件的制作及安装费未含于相应设备安装费中，另计安装费及装材费。		设计说明书、施工图、设备材料清册

续表

序号	评审内容	评审要点	参考	边界条件
2.3	母线、绝缘子	（12）带形母线安装按母线片数分别套用定额。 （13）软母线安装按单串绝缘子串悬挂考虑，如设计为双串时，定额人工乘以系数 1.1。 （14）管形母线安装分支持式和悬吊式，支持式按“m”计算，悬吊式按“跨/三相”计算，采用 12 串及以上 V 形绝缘子串悬吊安装时，定额乘以系数 1.8		设计说明书、施工图、设备材料清册
3	无功补偿	框架式电容器及保护网执行《电力建设工程概预算定额使用指南（2018 年版）第三册　电气设备安装工程》相应子目	《电力建设工程概预算定额使用指南（2018 年版）第三册　电气设备安装工程》P133 示例	
4	控制及直流系统			
4.1	计算机监控系统及继电保护	（1）控制屏（柜）安装适用于自动装置、计量等类型屏柜。 （2）保护屏（柜）安装适用于保护、测控装置等类型屏柜。 （3）屏柜安装定额中对屏柜中控制装置、保护装置的类型、套数均作了综合考虑，执行时不再换算或增减。模拟屏已按各种材质屏幕综合考虑。 （4）智能汇控柜按照就地自动控制屏定额子目乘以系数 2.0。 （5）端子箱安装已综合考虑各种类型，使用时均不做调整。		设计说明书、施工图、设备材料清册

续表

序号	评审内容	评审要点	参考	边界条件
4.1	计算机监控系统及继电保护	（6）设备支架、底座、槽钢等费用未包含在屏柜安装定额中，如有发生需另计，执行铁件制作、安装定额子目。 （7）监控系统软件修改及接入、保护信息子站接入、母线保护等公用设备接入、其他厂家设备配置文件修改及接入根据设备材料清册执行相应分系统调试定额或“变电站保护盘柜”安装相应预算定额计入安装费。注意： 1）“项目名称及规格”修改为上述“××软件修改及接入”。 2）工程是否需要相关软件修改及接入以及是否需要考虑费用由技术在设备材料清册中明确，设备材料清册备注了“考虑费用”的“××软件修改及接入”方可计列费用。 3）间隔改、扩建工程的监控、微机防误等如已计列设备费的，由设备厂家负责相应的软件修改及接入，不再计列对应设备的“软件修改及接入”费用。 （8）监控系统安全评估、网络安全评估：变电站不计相关第三方安全评估费用，在省调/地调处统一进行评估。 （9）保护盘台柜安装未包括各类 IED、监测系统、智能终端、合并单元等安装调试，发生时执行《电力建设工程概预算定额使用指南（2018 年版）第六册　调试工程》相应子目。 （10）未计价材料：接地引下线、小母线、穿通板、铁构件、网门		设计说明书、施工图、设备材料清册

续表

序号	评审内容	评审要点	参考	边界条件
4.2	直流系统及 UPS	（1）定额中接地（设备接地引下线等）、基础槽钢为定额未计价材料；蓄电池支架为未计价材料，但随蓄电池成套供货的支架不计列装材费用。 （2）交直流一体化电源系统：交流电源屏（YD6-50）；直流充电屏、直流馈线屏、直流分配屏（YD6-46）；蓄电池支架（YD6-2）；蓄电池组（YD6-23～30）；蓄电池组充放电（YD6-35～40）；远动电源屏（YD6-43）；UPS 电源柜（YD6-41）		设计说明书、施工图、设备材料清册
4.3	预制舱式二次组合设备	（1）国家电网有限公司信息价中包含预制舱舱体、舱内辅助设施（照明、暖通、通信等）、故障录波装置、时间同步装置、一体化电源系统、电能量采集终端（仅 110kV 和 66kV 变电站采用的预制舱式二次组合设备包含该设备）、集中接线柜及空机柜的设备材料费及安装调试费；不包含保护装置、测控装置、监控系统、网络分析记录装置、电能表等设备的设备费用，但包含预制舱集成厂家对上述设备的安装和调试费用。 （2）舱内设备安装费、现场调试费及售后服务由厂家负责		
4.4	智能辅助控制系统	变电站智慧升级仅计列一键顺控费用，其他智慧升级费用需经主管部门同意方可计列		

续表

序号	评审内容	评审要点	参考	边界条件
4.5	在线监测系统	（1）在线监测系统只计避雷器在线监测和主变压器油色谱两项。 （2）各类 IED、监测系统执行《电力建设工程概预算定额使用指南（2018 年版）第三册　电气设备安装工程》智能组件安装对应子目，定额费用不含单体调试		
5	站用电系统			
	站区照明	（1）户外照明定额已含灯具及附件安装、接线。 （2）未计价材料：钢管、水泥杆、整套灯具、导线		全站动力及照明图、设备材料清册
6	电缆及接地			
6.1	全站电缆			
6.1.1	35kV 及以上电缆	（1）35kV 及以上电力电缆及终端头安装套用《电力建设工程预算定额（2018 年版）第五册　电缆输电线路工程》。 （2）35kV 及以上电力电缆保护管应计列敷设安装费及材料费。 （3）电缆及电缆头按设备性材料计列。 （4）35kV 及以上电力电缆定额按单芯考虑，如为三芯电缆按同样截面电缆定额乘以系数 0.5。 （5）35kV 及以上电力电缆试验执行《电力建设工程预算定额（2018 年版）第五册　电缆输电线路工程》相应子目，详见变电工程调试费用参考标准		设备材料清册、电缆清册

续表

序号	评审内容	评审要点	参考	边界条件
6.1.2	电力电缆	（1）电力电缆按施工图设计量计列。 （2）电力电缆按照一根电缆有两个电缆终端头计算，中间头按设计图示计算中间头。 （3）定额未包含电缆敷设、电缆保护管敷设、电缆头制作安装，电力电缆、电缆保护管及接头、6kV及以上电缆头为未计价材料，需要另计装材。 （4）14 芯以下控制电缆敷设执行 $10mm^2$ 以下电力电缆敷设定额；15～37 芯控制电缆敷设执行 $35mm^2$ 以下电力电缆敷设定额；38 芯以上控制电缆敷设执行 $120mm^2$ 以下电力电缆敷设定额。 （5）电力电缆截面是单芯电力电缆面积，多芯电力电缆按最大单芯截面积计算。 （6）1kV 电力电缆终端头只计安装费。 （7）10kV 电力电缆试验，发生时执行《电力建设工程预算定额（2018 年版）第三册　电气设备安装工程》第 12 章相应子目		设备材料清册、电缆清册
6.1.3	控制电缆	（1）控制电缆按施工图设计量计列。 （2）控制电缆按照一根电缆有两个电缆终端头计算，原则上不计算中间头；控制电缆终端头只计安装费。 （3）计算机电缆敷设执行控制电缆定额子目，光缆敷设执行《电力建设工程预算定额（2018 年版）第七册　通信工程》相应子目		设备材料清册、电缆清册

续表

序号	评审内容	评审要点	参考	边界条件
6.1.4	电缆支架	（1）需现场制作、安装的电缆钢支架执行铁构件制作、安装定额子目。 （2）定额包含制作安装和接地，支架为未计价材料，需另计装材（《电网工程建设预算编制与计算规定使用指南》补充说明了复合支架为未计价材料，以章节说明为准）。 （3）不锈钢桥架执行钢桥架定额子目乘以系数1.1。 （4）复合桥架、托盘、槽盒按铝合金桥架、托盘、槽盒定额子目乘以系数 1.3		设备材料清册
6.1.5	电缆槽盒	（1）阻燃槽盒为未计价材料，需要另计装材。 （2）阻燃槽盒定额按不同截面综合考虑，执行时均不做调整		设备材料清册
6.1.6	电缆保护管	电力电缆保护管应计列敷设安装费及材料费		设备材料清册
6.1.7	电缆防火	（1）防火涂料、有机堵料、防火隔板等防火材料均为未计价材料，需要另计装材。 （2）防火密封模块、防火砖执行防火堵料定额子目，防火涂层板执行防火隔板定额子目，防火布执行防火带定额子目		设备材料清册

续表

序号	评审内容	评审要点	参考	边界条件
6.2	全站接地			
6.2.1	全站接地	（1）水平接地母线工程量按施工图设计量计列。 （2）电缆沟道内接地扁钢（铜带）敷设，执行户内接地母线敷设定额子目。 （3）铜包钢、铅包铜接地参照铜接地定额执行。 （4）铜编织带、多股软铜线安装根据设计工程量以 m 为计量单位。 （5）未计价材料：接地母线、铜鼻子、接地模块、接地极、石墨电极		全站防雷及保护接地施工图、设备材料清册
6.2.2	接地降阻处理	应有明确的设计方案，按具体工程量套用相应预算定额		设计需提供详图或在设备材料清册中明确对应各项工程量
6.2.3	接地深井	（1）执行 YD9-46 深井接地埋设定额。 （2）钻井费用套用接地深井成井定额；斜井定额乘以系数 0.7。 （3）未计价材料：圆钢、角钢、钢管、降阻剂等		
7	通信及远动系统			
7.1	通信系统	通信设备工程（即站端通信工程）建设预算书并入变电站工程 7.1 通信系统，工作内容包括通信设备（传输网设备、业务网设备、支撑网设备等）安装、调试，引入光缆敷设、接续、测试	详见站端通信安装调测费用参考标准	国家电网电定〔2018〕24 号

续表

序号	评审内容	评审要点	参考	边界条件
7.1	通信设备	（1）国家电网有限公司信息价格光端机价格包含各类板件，不得重复套用。 （2）网络管理系统安装调测只适用于新建的网络管理系统（调度端），变电站不计列	详见站端通信安装调测费用参考标准	国家电网电定〔2018〕24号
	辅助设备	（1）机柜（架）安装执行《电力建设工程预算定额（2018年版）第七册　通信工程》YZ14-1。 （2）分配架整架安装按成套基本配置取定，包括机柜安装，基本配置以外执行子架子目（基本配置为光分配架ODF144芯、数字配线架DDF128系统、音频配线架VDF300回、网络分配架IDF288口） （3）分配架扩容时执行子架子目，包括子框和端子板的安装。 （4）综合配线架安装包括机柜安装，不论容量大小不做调整。不随机柜成套供应的配线模块另行计列，执行子架子目		
	交换设备	电话、IAD设备安装执行《电力建设工程预算定额（2018年版）第七册　通信工程》第5、16章相应子目		
	设备电缆	（1）设备之间（设备与设备间的外部连线）执行《电力建设工程预算定额（2018年版）第七册　通信工程》第15章相应子目。 （2）成套通信设备内部的配线由厂家成套配置，费用含于相应设备费。 （3）尾纤执行装置性材料预算价格		
	通信业务调试	指端与端之间具体业务通道的开通、调试，不论中间经过多少站点均按1条业务计列		

续表

序号	评审内容	评审要点	参考	边界条件
7.1	光缆敷设	（1）与通信线路截面划分： 1）架空出线：光缆通信线路与变电站以构架接头盒为界，接头盒归为线路工程，接头盒内的光缆接续计入变电站工程。从接头盒到机房光纤配线架的光缆为引入光缆，属于变电站工程。 2）电缆出线：光缆通信线路与变电站以变电站通信机房光纤配线架为界。光缆线路从配线架开始，包括站内站外	详见站端通信安装调测费用参考标准	国家电网电定〔2018〕24号
		（2）接头盒内的光缆接续执行《电力建设工程预算定额（2018 年版）第七册　通信工程》第 13 章站内光缆熔接相应子目		
		（3）子管敷设（一般为 PVC 软管，管径 25～32mm）材料费根据材质及管径采用装材价		
7.2	远动及计费系统	电量计费系统、数据网接入系统及安全防护设备等		
7.3	数据网接入系统	（1）执行《电力建设工程预算定额（2018 年版）第七册　通信工程》第 7 章相应子目。 （2）路由器、网络交换机安装已包括公共部分及光模块的安装调测。 （3）路由器与路由器之间（站与站之间）采用光模块直连时，两端光路调测分别执行《电力建设工程预算定额（2018 年版）第七册　通信工程》“数字线路段光端对测中继站”子目		

续表

序号	评审内容	评审要点	参考	边界条件
8	全站调试	变电站改造工程中计算机监控系统、交直流一体化电源系统等变电站整套系统全部更换时，与之配套的全站调试工程（特别是分系统调试工程）定额调整系数可参照执行新建工程系数，即定额调整系数不乘以主变压器扩建系数	详见变电工程调试费用参考标准	
（二）	辅助生产工程			
	验电、检修小车	10kV 开关柜验电、检修小车等检修工具设备计入辅助生产工程费		
（三）	与站址有关的单项工程			
1	站外电源			
	停电过渡	（1）过渡费不能按一笔性费用列入，应按设计审定的技术方案及设备材料表分项计列安装费和设备租赁费，不计材料费（材料按老旧物资利旧考虑）。 （2）一般不考虑站外过渡，有方案时站外过渡电缆材料费按 1/6 摊销	租金标准：变压器、环网柜等设备按 20 年折旧	
（四）	设备及其他说明			
1	安装工程分部分项工程划分	（1）主变压器高中低压侧间隔装置性材料应计入主变压器系统。 （2）变电站电缆全部计入全站电缆，不能计入其他分部分项工程。 （3）接地全部计入全站接地		

续表

序号	评审内容	评审要点	参考	边界条件
2	设备费	（1）设备材料价格原则上参照执行国家电网有限公司发布的当期信息价，当有特殊情况时，可参照执行近期设备材料中标价。 （2）国家电网有限公司信息价中已考虑配套设备支架费用（2019年6月外审要求：经询建设分公司仅互感器、避雷器等小型设备供应商不配套支架）。 （3）没有国家电网有限公司信息价格的设备参照同期省公司中标价格。 （4）上述两条均未找到可以参考的价格，应进行询价。 （5）询价应发出书面询价函，并获取书面回函方能作为参考价格。 （6）设备应标明影响价格的关键参数，同国家电网有限公司信息价格标准模式		
		（7）单一来源采购：主变压器扩建、间隔扩建工程的 GIS，已有开关柜的母线段上新增开关柜；设备价格原则上根据询价函按信息价的 1.3 倍控制	（1）设计单位询价函应明确价格有效时间段（至少为6个月以上），明确价格控制范围为当期国家电网有限公司信息价 1.3 倍以内。 （2）询价超过信息价 1.3 倍，向建设管理单位或上级管理部门汇报并协调解决	厂家正式回函

续表

序号	评审内容	评审要点	参考	边界条件
2	设备费	（8）设备运杂费仅计取卸车保管费。 （9）拆除设备卸车及保管、回运仓库运输的费用，运距在 5km 及以内的运输和装卸费已包括在拆除费用中，5km 以外的运输费用按《电网工程建设预算编制与计算规定使用指南（2018 年版）》中设备运杂费章节有关规定计列。 （10）利旧设备拆除后需运往地市中心仓库，其运输费计入拆除站项目；由拆除站或中心仓库运往利用站的运输费计入利用站项目；如需在基建工程中开列利旧设备检测等费用，应经技术人员评审同意并提供省公司设备部的依据文件		
四	其他费用			
1	建设场地征用及清理费			
1.1	土地征用费			
1.1.1	征地费	（1）已签征地合同的按合同金额计列费用的，应重点审查合同包含的范围，如包含场平、进站道路、挡墙等费用，则在本体内不应重复计列； （2）未签订征地合同的项目原则按湘电建定〔2016〕1 号执行，如果与政府初步达成意向的项目，应提供费用测算明细及测算依据，重点审查依据的合法性，原则应执行省级文件； （3）不需报国家电网有限公司审查项目，如征地费用超过政府文件规定标准，其费用测算表需属地公司分管领导签字并盖局公章。		

续表

序号	评审内容	评审要点	参考	边界条件
1.1.1	征地费	（4）如项目征地有重大拆迁、需要购买征地指标等特殊情况应提供上级主管部门的书面处理意见。 （5）征地单价超过当地框架协议规定的工程，需取得同级政府部门文件或签字认可，并向省公司建设部沟通汇报		
1.1.2	征地面积	（1）重点审核与通用设计对比，围墙内面积原则上不得突破通用设计面积。 （2）代征面积不得超过 10%。 （3）如果超过上述任一原则，则应提交上级主管部门的书面处理意见		
1.2	施工场地租用费			
	施工临时用地费	（1）按设计提出的初步方案核实临时工地面积。 （2）按当地市场价格计列费用。 （3）无方案暂按控制标准估列（2019.11.19 国网湖南省电力有限公司建设部长沙供电公司电网“大建设”工作协调会议要求）	按如下标准控制：500kV，20 万元；110kV，10 万元；35kV，5 万元	临时用地方案
1.3	迁移补偿费			
1.3.1	房屋、厂矿、杆线等大额拆迁	（1）审查迁移方案、工程量、计费单价。 （2）不得估列费用。 （3）重大迁改应提供上级主管部门的书面处理意见	政府拆迁标准	拆迁明细

续表

序号	评审内容	评审要点	参考	边界条件
1.3.2	坟墓迁移	核实迁坟实际情况	如有文件执行文件；迁坟费用参考：1000～5000 元/座（明坟不超 5000 元/座，暗坟不超 1000 元/座）	迁坟明细
2	项目建设管理费			
	设备材料监造费	（1）设备监造范围：变压器、电抗器、断路器、隔离（接地）开关、组合电器、串联补偿装置、换流阀、阀组避雷器等主要设备。 （2）如果扩大范围对其他设备进行监造、监制时，费用不调整	设备购置费×费率	
3	项目建设技术服务费			
3.1	项目前期工作费	（1）按合同金额计列。 （2）未签订合同的，原则上不计列，确实需要发生的建设管理单位出具需求确认，价格标准按湘电建定〔2020〕1 号执行	湘电建定〔2020〕1 号	
3.2	勘察费	（1）勘察复杂程度根据可行性研究报告站址选择部分据实计列（需要时参考：地质一般选择 I/II 类，砾石等含硬杂质大于 25%时可选 III 类；其他一般不超过 III 类）		

续表

序号	评审内容	评审要点	参考	边界条件
3.2	勘察费	（2）勘察费附加调整系数：土质边坡大于15m、岩质边坡大于30m时增加人工高边坡勘察1.1；测土壤电阻率及大地电导率增加0.05；气温调整不考虑；新建变电工程以安装一台变压器为计费标准按基价收费，每增加一台（按本期主变压器台数计列），视为规划容量内扩建增加0.3，规划容量外扩建一般不考虑	《国家电网公司输变电工程通用造价（2014年版）》：110kV变电站，30万元；220变电站，50万元。 ××220变电站按新建一台主变压器，无任何特殊情况，复杂程度全部为Ⅲ类考虑，勘察费为46.45万{[15.8+（22.91−15.8）/（52−35）×10]×1.8施设×1.05测电阻率×1.23作业准备费}	
		（3）改扩建工程可单独计列勘察费，原则上勘察费的复杂程度（地形、通视通行、地物、工程地质、水文气象）为Ⅰ，附件调整系数为“扩建工程：规划容量内扩建×台主变压器”对应的调整系数	扩建工程每扩建一台（按本期主变压器台数计列）视为规划容量内扩建0.3，两台0.6，以此类推（扩建工程第一台变压器即开始调系数）	
3.3	设计费	（1）初步设计阶段按照国家电网电定〔2014〕19号计列。 （2）根据基建技经〔2019〕29号，取费基数含编制年价差。 （3）改扩建复杂调整系数根据工程复杂程度按1～1.2考虑。 （4）总体设计费一般不计，在特大项目分多个设计单位设计时，指定牵头汇总的设计单位可计算总体设计费。 （5）可行性研究、初步设计一体化招标的工程，可行性研究、初步设计阶段均按文件计列勘察设计费；非研设一体化工程，可行性研究根据文件计列，初步设计根据合同计列	国家电网电定〔2014〕19号	

续表

序号	评审内容	评审要点	参考	边界条件
3.4	项目后评价费	根据后评价项目清单按《电网工程建设预算编制与计算规定（2018 年版）》计列		
3.5	工程建设检测费	工程质量第三方实测实量项目执行湘电公司建设〔2019〕131 号，其中仅桩基检测费根据实际工程量在工程建设检测费中计列，其他检测费用由法人管理费中开支	湘电公司建设〔2019〕131 号	
3.6	桩基检测费	（1）低应变检测： 1）混凝土灌注桩，甲级不应少于总桩数的 50%，且不宜少于 20 根；其他不应少于总桩数的 30%，且不宜少于 10 根；每个承台不应少于 1 根。 2）混凝土预制桩，甲级不应少于总桩数的 30%，且不宜少于 20 根；其他不应少于总桩数的 20%，且不宜少于 10 根；每个承台不应少于 1 根。 3）省内工程按 100%检测考虑	数量标准：DL/T 5493—2014《电力工程基桩检测技术规程》3.4 款、JGJ 106—2014《建筑基桩检测技术规范》	
		（2）高应变检测： 1）打入式预制桩打桩过程跟踪检测数量不应少于总桩数 3%，且不应少于 5 根。 2）混凝土灌注桩不应少于总桩数 5%，且不应少于 5 根。 3）预制桩，甲级不应少于总桩数的 7%，且不应少于 10 根；乙级不应少于总桩数的 5%，且不应少于 5 根；丙级不应少于总桩数的 3%，且不应少于 3 根。 4）钢桩不应少于总桩数的 5%，且不应少于 10 根	费用标准：湘电公司建设〔2019〕131 号、湘质安协字〔2016〕19 号	

续表

序号	评审内容	评审要点	参考	边界条件
3.6	桩基检测费	（3）静载试验： 1）混凝土灌注桩不应少于总桩数1%，且不应少于5根；当总桩数在50根以内时不应少于2根。 2）预制桩不应少于总桩数1%，且不应少于3根；当总桩数在50根以内时不应少于2根。 3）钢桩不应少于总桩数1%，且不应少于3根；当总桩数在50根以内时不应少于2根。 4）试验桩试验荷载为实际承载力的3倍		
		（4）一般情况下单桩静载试验或高应变检测二选其一		
		（5）试验桩已做静载试验，则工程桩仅做高应变检测		
		（6）成孔质量检测：灌注桩不应少于总桩数10%（无资料不予计列）		
		（7）原则上不考虑上述项目以外的其他检测		
		（8）检测等级： 甲级：构支架、综合楼、大跨越或复杂地基； 乙级：甲级和丙级以外的检测项目； 丙级：警传室、围墙、车棚、临时建筑且为简单地基		

续表

序号	评审内容	评审要点	参考	边界条件
3.7	消防检测费	不予单独计列，在项目法人管理费中开支		
4	生产准备费	车辆管理购置费不计列，其他按《电网工程建设预算编制与计算规定（2018年版）》规定费率计取	执行《电网工程建设预算编制与计算规定（2018年版）》规定费率	
5	大件运输措施费	（1）参照执行国家电网电定〔2014〕9号，大件运输措施费（修路修桥等）根据运输措施方案计算。 （2）需要重大修路、修桥应取得上级主管部门的书面处理意见	国家电网电定〔2014〕9号	具体方案、工程量、上级主管部门的书面处理意见

三、钢结构建筑造价指标

序号	方案名称	布置形式	钢材		主变压器台数（本期/远期）	建筑物名称	结构形式	钢结构部分建筑面积（m^2）注：不含电缆夹层建筑面积
			镀锌或防腐处理方式	防火涂料喷涂部位				
1	220-A2-9	全户内，建筑物按地下设置电缆夹层，地上两层布置	除钢檩条，屋顶外露出线钢柱（梁）部分为镀锌件，其他均为防腐件	除钢梁（耐火极限为2h）、室内钢楼梯（耐火极限为1.5h）、屋顶外露出线钢柱（梁）部分喷涂防火涂料（耐火极限为3h），其他均不涂刷	2/4	配电装置楼	钢框架结构	3773.9
2	220-A3-4	半户内，建筑物按地上两层布置，地下不设置电缆夹层			1/4	220kV配电装置楼	钢框架结构	2315.27
		半户内，建筑物按地下设置电缆夹层，地上两层布置				110kV配电装置楼	钢框架结构	1724.5

续表

序号	方案名称	布置形式	钢材		主变压器台数（本期/远期）	建筑物名称	结构形式	钢结构部分建筑面积（m^2）注：不含电缆夹层建筑面积
			镀锌或防腐处理方式	防火涂料喷涂部位				
3	220-B-2	全户外，建筑物按地上单层布置，地下不设置电缆夹层	除钢檩条，其他均为防腐件	除钢梁（耐火极限为 2h）喷涂防火涂料，其他均不涂刷	1/3	主控楼	钢框架结构	390.6
						10kV 配电装置室	钢框架结构	454.8
4	110-A2-5	全户内，建筑物按地下设置电缆夹层，地上两层布置		除钢梁（耐火极限为 2h）、室内钢楼梯（耐火极限为 1.5h）喷涂防火涂料，其他均不涂刷	2/4	配电装置楼	钢框架结构	1694.2
5	110-A2-4	全户内，建筑物按地上单层布置，地下不设置电缆夹层		除钢梁（耐火极限为 2h）喷涂防火涂料，其他均不涂刷	1/3	配电装置室	钢框架结构	1110.5
6	110-C-4（3）	全户外，建筑物按地上单层布置，地下不设置电缆夹层			1/3	配电装置室	钢框架结构	474.8
7	110-C-4（2）	全户外，建筑物按地上单层布置，地下不设置电缆夹层			1/2	配电装置室	钢框架结构	347.87
8	35-E3-1	半户内，建筑物按地上单层布置，地下不设置电缆夹层			1/2	配电装置室	钢框架结构	318

续表

序号	方案名称	钢材	外墙板总用量（m^2）	内隔墙总用量（m^2）	屋（楼）面板总用量（m^2）注：含检修平台	造价（本体）		造价（含编制期价差）		
		总用量（t）				费用（万元）	建筑面积单位造价指标（万元/m^2）	费用（万元）	建筑面积单位造价指标（万元/m^2）	钢材单位造价指标（万元/t）
1	220-A2-9	973.7	4186.8	3136.6	3751.05	1752.833	0.4645	2058.09	0.5453	2.1137
2	220-A3-4	639.9	2612.2	979.3	2485.1	1100.157	0.4752	1256.11	0.5425	1.9630
		497.7	1967.7	342.2	1782	842.2113	0.4884	955.17	0.5539	1.9192
3	220-B-2	48.5	326.1	378.3	390.6	107.99	0.2765	124.6	0.3190	2.5691
		62.3	580.4	0	454.8	138.6984	0.3050	161.07	0.3542	2.5854

续表

序号	方案名称	钢材	外墙板总用量（m^2）	内隔墙总用量（m^2）	屋（楼）面板总用量（m^2）注：含检修平台	造价（本体）		造价（含编制期价差）		
		总用量（t）				费用（万元）	建筑面积单位造价指标（万元/m^2）	费用（万元）	建筑面积单位造价指标（万元/m^2）	钢材单位造价指标（万元/t）
4	110-A2-5	407.2	2457.5	937.95	1694.2	768.332	0.4535	909.64	0.5369	2.2339
5	110-A2-4	156.85	1698.9	502.6	1110.5	383.1046	0.3450	468.86	0.4222	2.9892
6	110-C-4（3）	50.2	517.4	132.2	474.8	125.9226	0.2652	146.3	0.3081	2.9143
7	110-C-4（2）	37.46	398.03	123.2	347.87	96.833	0.2784	113.35	0.3258	3.0259
8	35-E3-1	32.7	379.4	166.6	318	89.6415	0.2819	107.65	0.3385	3.2920

注　表中造价指标是2020年数据，主要材料价格见附表。

附表　　　　　　　　　　主要材料价格

<table>
<tr><th>序号</th><th>材料名称</th><th>材料单价
（不含税单价）</th><th>依据</th></tr>
<tr><td>1</td><td>镀锌成品钢材</td><td>7780 元/t</td><td rowspan="4">国家电网有限公司 2021 年第二季度信息价</td></tr>
<tr><td>2</td><td>防腐成品钢材</td><td>7281.94 元/t</td></tr>
<tr><td>3</td><td>钢筋桁架楼承板</td><td>250 元/m^2</td></tr>
<tr><td>4</td><td>成品岩棉夹芯板</td><td>424 元/m^2</td></tr>
<tr><td>5</td><td>9mm 纤维增强硅酸钙板</td><td>35 元/m^2</td><td rowspan="3">询价</td></tr>
<tr><td>6</td><td>纤维水泥装饰板</td><td>84 元/m^2</td></tr>
<tr><td>7</td><td>成品铝合金格栅</td><td>800 元/m^2</td></tr>
<tr><td>8</td><td>铝合金中空窗（断桥）</td><td>663.72 元/m^2</td><td rowspan="6">湘电公司建设〔2019〕288 号</td></tr>
<tr><td>9</td><td>铝合金百叶窗（带电动调节阀）</td><td>1592.92 元/m^2</td></tr>
<tr><td>10</td><td>甲级防火门</td><td>1327.43 元/m^2</td></tr>
<tr><td>11</td><td>乙级防火门</td><td>884.96 元/m^2</td></tr>
<tr><td>12</td><td>防火卷帘门</td><td>1327.43 元/m^2</td></tr>
<tr><td>13</td><td>铝合金门</td><td>442.48 元/m^2</td></tr>
</table>

四、一键顺控系统费用参考标准

<table>
<tr><th>设备名称</th><th>计列分项</th><th>变电站电压等级</th><th>安装工程费</th><th>设备价格（万元）</th></tr>
<tr><td rowspan="3">一键顺控系统（含 2 套软件、系统集成服务）</td><td rowspan="8">计算机监控系统</td><td>110kV</td><td rowspan="6">安装定额 GD5-2</td><td>15</td></tr>
<tr><td>220kV</td><td>20</td></tr>
<tr><td>500kV</td><td>30</td></tr>
<tr><td rowspan="3">智能五防系统</td><td>110kV</td><td>10</td></tr>
<tr><td>220kV</td><td>15</td></tr>
<tr><td>500kV</td><td>20</td></tr>
<tr><td rowspan="2">开关柜的图像监视摄像头</td><td>110～220kV</td><td rowspan="2">通信定额 YZ8-2</td><td>0.3（每台开关柜）</td></tr>
<tr><td>500kV</td><td>0.3（每台开关柜）</td></tr>
<tr><td>电动手车</td><td rowspan="2">对应配电装置</td><td>110～500kV</td><td>厂家安装</td><td>开关柜的设备价格按国家电网有限公司季度信息价再加上 5000 元价差（配置电动手车）</td></tr>
<tr><td>隔离开关的行程开关</td><td>110～500kV</td><td>安装定额 YD10-157</td><td>0.1（每台行程开关）</td></tr>
</table>

五、站端通信安装调测费用参考标准

序号	调测项目	调测子目种类	定额编号	单位	工程量计量	应用建议
1	光纤同步数字（SDH）传输设备（变电站主要为 SDH 及 PCM 设备安装调测，PDH 等其他设备极少使用）					
1.1	光纤同步数字（SDH）传输设备安装调测	分插复用器（ADM）	YZ1-5～8	套	按新上光端机数量计算	ADM 基本配置：基本子架、公共单元盘、2 块高阶光板、配套的 2Mbit 板及数据板
		终端复用器（TM）	YZ1-9～12		40Gbit/s 设备执行；10Gbit/s 定额人工、机械乘 1.2	TM 基本配置：基本子架、公共单元盘、1 块高阶光板、配套的 2Mbit 板及数据板
		跳级复用器	YZ1-13			SDH 调测已包括网元级网络管理系统调测、全电路电口调测
1.2	光纤同步数字（SDH）传输设备接口盘安装调测	接口单元盘（SDH）	YZ1-14～19	块	同一块接口单元盘上不论端口多少，只执行 1 次本定额	适用于新建 SDH 设备基本配置以外的光板
		调测基本子架及公共单元盘（SDH）	YZ1-20～21	套	每次扩容时同一套光端机只计列 1 次	适用于原有 SDH 设备上扩容接口单元盘
		扩容接口单元盘（SDH）	YZ1-22～28	块	单站扩容接口单元盘第 3 块及以上定额乘 0.5	适用于原有 SDH 设备上扩容接口版，已包括网络管理系统相关调测
		光电转换器	YZ1-29	个	光路传输中有转换器时计列	

续表

序号	调测项目	调测子目种类	定额编号	单位	工程量计量	应用建议
1.2	光纤同步数字（SDH）传输设备接口盘安装调测	光功率放大器内置	YZ1-30	块		指传输设备光功率放大板
		光功率放大器外置	YZ1-31	套	色散补偿（DCM）定额乘 0.5	包括子架及光放单元
		协议转换器	YZ1-32	个		
1.3	数字通信通道调测	数字线路段光端对侧	YZ1-35～36	方向·系统	（1）按新增光接口单元盘端口数量计列。 （2）端站：有业务上下的站点；中继站：无上下业务的站点	仅指本端至对端的调测（对端至本端的对测应另外计列。如新增一块四光口光接口单元盘，工程量为 4）
		光、电调测中间站配合	YZ1-37	站	按需要中间光纤跳接配合的站点计列	指中间站仅进行光、电跳线工作
		保护倒换测试	YZ1-38	环·系统	新增光端机或光接口单元盘时计列，一个环内无论站点数量多少只计一次	环指一个通信环网，一般一个站端通信工程仅考虑省调、地调各一系统
2	密集波分复用（DWDM）设备（变电站极少使用，略）					
3	程控交换设备					
3.1	程控电话交换设备	电话交换设备	YZ5-1	架	按设备配置数量计算	每架含 500 线，超出部分执行 SLC 子目
		用户集线器（SLC）设备	YZ5-2	500 线/架	按设备配置数量计算	（1）“线”指交换门数，不足 500 按 500 线计量。 （2）已包含与电话交换设备间的线缆连接

续表

序号	调测项目	调测子目种类	定额编号	单位	工程量计量	应用建议
3.1	程控电话交换设备	程控交换机计费系统	YZ5-6	套	新增程控交换机计费系统	新增程控交换机计费系统时计列
		维护终端、话务台、告警设备	YZ5-7	台	按设备配置数量计算	新增维护终端、话务台、告警设备时计列，使用时按实际工程设备分别执行定额
		用户线调试	YZ5-8	千线	按用户线数量计算	不足千线按1千线计量
		中继线调试	YZ5-9	千线	扩容仅增加2Mbit/s中继板时定额乘0.1	每个2Mbit/s中继、7信令、Q信令按32线计算，合计不足千线按1千线计量
3.2	电力调度程控交换机	电力调度程控交换机	YZ5-11～13	架	按设备配置数量计算	新增电力调度程控交换机时计列
		电力调度台	YZ5-14～15	台	按设备配置数量计算	新增电力调度台时计列
		电力调度录音装置	YZ5-18	套	按设备配置数量计算	新增电力调度录音装置时计列
		电力调度程控交换机系统联调	YZ5-19	系统	新增1台调度程控交换设备计1个系统	新增电力调度程控交换机时计列。“系统”指电力调度程控交换网
3.3	IAD	IAD接入设备	YZ5-24	台		

续表

序号	调测项目	调测子目种类	定额编号	单位	工程量计量	应用建议
4	数据网设备					
4.1	路由器	接入层	YZ7-1	台	（1）按设备配置数量计算。 （2）在运路由器新增路由方向时定额乘 0.5	（1）整机包转发率小于 100Mp/s。 （2）通常应用于 110kV 及以下电压等级变电站
		汇聚层	YZ7-2			（1）整机包转发率大于等于 100Mp/s 且小于 400Mp/s。 （2）通常应用于 220kV 及以上电压等级变电站
		核心层	YZ7-3			（1）整机包转发率大于等于 400Mp/s。 （2）通常应用于各级调度端，即地调、省调及网调
4.2	路由器接口板	接入层	YZ7-4	块	按设备配置数量计算	适用于路由器的扩容
		汇聚层	YZ7-5	块		
		核心层	YZ7-6	块		
4.3	网络交换机	低端	YZ7-7	台	按设备配置数量计算	（1）二层网络交换机。 （2）通常应用于 110kV 及以下电压等级变电站

续表

序号	调测项目	调测子目种类	定额编号	单位	工程量计量	应用建议
4.3	网络交换机	中端	YZ7-8			（1）用于网络数据汇聚的三层网络交换机。 （2）通常应用于220kV及以上电压等级变电站
		高端	YZ7-9			（1）用于核心层组网的插槽式（模块式）的三层网络交换机。 （2）通常应用于各级调度端，即地调、省调及网调
4.4	光纤交换机		YZ7-11	台	按设备配置数量计算	新增光纤交换机时计列
4.5	接入复用设备（DSLAM）		YZ7-12	台	新增设备时计列	一般仅在营业网店配置宽带接入设备，变电站不配置此类设备，通常不执行该类型定额
4.6	宽带接入服务器（BAS）		YZ7-14	台	新增设备时计列	
4.7	宽带接入服务器（BAS）接口板		YZ7-15	块	新增设备时计列	
4.8	无线局域网接入点（AP）设备		YZ7-16	台	新增设备时计列	
4.9	服务器	低端	YZ7-17	台	新增设备时计列	通常用于变电站
		中端	YZ7-18		新增设备时计列	通常用于地调
		高端	YZ7-19		新增设备时计列	通常用于省调或网调

续表

序号	调测项目	调测子目种类	定额编号	单位	工程量计量	应用建议
4.10	防火墙设备	中、低端	YZ7-20	台	新增设备时计列	（1）数据包（512 字节）吞吐量小于 3Gbit/s，最大并发连接数小于 60 万。 （2）硬件加密装置、物理隔离装置执行中、低端定额
		高端	YZ7-21	台	新增设备时计列	数据包（512 字节）吞吐量大于等于 3Gbit/s，最大并发连接数大于等于 60 万
4.11	局域网系统调试（用户以下）	60	YZ7-33	系统	新组建局域网系统时计列	主要用于变电站内部网络系统调试
		200	YZ7-34			主要用于地调网络系统调试
		500	YZ7-35			主要用于省调及网调网络系统调试
4.12	接入广域网系统调试		YZ7-36	系统	按通信工程数量计列	通常用于 330kV 及以上电压等级变电站（区域中心变电站）、各级调度端接入广域网时计列
4.13	接入互联网系统调试		YZ7-37	系统	按通信工程数量计列	通常用于通信站接入信息外网时计列
4.14	网络安全系统调试		YZ7-38	系统	按通信工程数量计列	

注　表中费用参考标准基于国家电网电定〔2021〕6 号，按《电力建设工程预算定额（2018 年版）第七册　通信工程》调整。

六、变电工程调试费用参考标准

序号	调试	调试子目种类	定额编号	单位	工程量计量	应用建议
1	单体调试（略）					
2	分系统调试（扩建工程调整系数可根据主变压器/间隔/保护数量累加，累加绝对值不超过 1；常规扩容系统详见下表，若涉及其他相关系统扩容需在设备材料清册中明确，调整系数同扩建工程调整系数）					
2.1	电力变压器分系统调试		YS5-1～18	系统	变压器台数。 三绕组 1.2；3/2 接线乘 1.1；带负荷调整 1.2；装有灭火保护装置 1.05	定额已包含变压器各侧间隔设备的调试工作
2.2	送配电设备分系统调试/交流供电系统调试		YS5-19～28	系统	断路器数量。 带电抗器或并联电容器补偿 1.2；母联和旁路系统 1.0；分段间隔 0.5；保护改造 0.3。备用间隔根据实际配置执行相应调整系数	与主变压器直接连接的进出线间隔设备调试费用已含于变压器系统调试中，不再计列
2.3	母线分系统调试		YS5-29～37	段	配有电压互感器的母线段	
2.4	综自系统调试					
2.4.1	变电站微机监控分系统调试		YS5-38～44	站	扩建主变压器 0.3；扩建间隔 0.1；保护改造 0.05	
2.4.2	变电站五防分系统调试		YS5-45～51	站	扩建主变压器 0.3；扩建间隔 0.1	

续表

序号	调试	调试子目种类	定额编号	单位	工程量计量	应用建议
2.4.3	变电站故障录波分系统调试		YS5-52～58	站	扩建主变压器 0.3	
2.4.4	网络报文监视系统调试		YS5-59～65	站		智能变电站配置网络报文分析装置计列
2.4.5	信息一体化平台调试		YS5-66～72	站		
2.4.6	远动分系统调试		YS7-73～79	站		
2.5	变电站时钟同步分系统调试		YS5-80～82	站		
2.6	调度自动化及二次安防调试					
2.6.1	电网调度自动化分系统调试		YS5-83～89	站（省、地、县调度端数据主站）	扩建主变压器 0.3；扩建间隔 0.1	（1）新增变电站接入时按变电站电压等级执行相应定额。 （2）定额综合考虑了变电站接入同级主、备调度端工作量，使用时不做调整
2.6.2	二次系统安全防护分系统调试	（1）主站接入 220kV 等级及以上站	YS5-92	站（省、地、县调度端数据主站）	扩建主变压器 0.3；扩建间隔 0.1；保护改造 0.05	变电站接入调度端时按接入变电站电压等级执行相应定额
		（2）主站接入 110kV 等级及以上站	YS5-91			

续表

序号	调试	调试子目种类	定额编号	单位	工程量计量	应用建议
2.6.2	二次系统安全防护分系统调试	（3）主站接入35kV等级及以上站	YS5-90	站（省、地、县调度端数据主站）	扩建主变压器 0.3；扩建间隔 0.1；保护改造 0.05	变电站接入调度端时按接入变电站电压等级执行相应定额
		（4）省、地、县调继电保护和故障录波信息管理系统	YS5-93			调度端新增各类系统时计列
		（5）省、地、县调配电自动化系统	YS5-94			
		（6）省、地、县调电能量计量系统	YS5-95			
		（7）省、地、县调大客户负荷管理系统	YS5-96			
		（8）变电站	YS5-97～103	站		
2.6.3	信息安全测评分系统（等级保护测评）调试	（1）主站接入35kV等级站	YS5-104	站（省、地、县调度端数据主站）	扩建主变压器 0.3	变电站接入调度端时按接入变电站电压等级执行相应定额
		（2）主站接入110kV等级站	YS5-105			
		（3）主站接入220kV等级及以上站	YS5-106			

续表

序号	调试	调试子目种类	定额编号	单位	工程量计量	应用建议
2.6.3	信息安全测评分系统（等级保护测评）调试	（4）主站接入500kV等级及以上站	YS5-107	站（省、地、县调度端数据主站）	扩建主变压器 0.3	变电站接入调度端时按接入变电站电压等级执行相应定额
		（5）调度自动化系统	YS5-108			调度端新建调度自动化系统时计列
		（6）调度数据网，省、地、县调	YS5-109			调度端新建调度数据网时计列
		（7）变电站自动化系统信息安全测评系统	YS5-110～114			按变电站电压等级执行相应定额
2.7	变电站辅助系统调试					
2.7.1	智能辅助系统调试		YS5-115～121	站		智能变电站配置智能辅助系统的计列
2.7.2	状态检测系统调试		YS5-122～128	站		智能变电站配置状态检测系统的计列
2.8	交直流电源系统调试					
2.8.1	交直流电源一体化系统调试		YS5-129～135	站	扩建主变压器 0.3；扩建间隔 0.1	配置交直流一体化电源设备的变电站计列，同时不再套用其他电源系统的调试项目
2.8.2	变电站直流电源分系统调试		YS5-136～142	站		配置直流电源的变电站计列

续表

序号	调试	调试子目种类	定额编号	单位	工程量计量	应用建议
2.8.3	变电站交流电源分系统调试		YS5-143～149	站		
2.8.4	不停电电源分系统调试		YS5-150～154	系统		配置不停电电源系统的变电站计列
2.8.5	变电站事故照明分系统调试		YS5-155～161	站		配置事故照明的变电站计列
2.9	其他二次系统调试					
2.9.1	安全稳定分系统调试		YS5-162～166	站		配置安全稳定控制装置的变电站计列
2.9.2	保护故障信息主站分系统调试	（1）地调，接入110kV等级以上站	YS5-167～169	站（调度端数据主站）		新增子站接入调度端主站时，按照调度端已接入子站数量执行相应定额
		（2）省调，接入220kV等级及以上站	YS5-170			
2.9.3	变电站保护故障信息子（分）站分系统调试		YS5-171～175	站		配置保护故障信息子站的变电站计列
2.9.4	变电站同期分系统调试		YS5-176～181	站		（1）配置独立同期装置计列。 （2）未配置独立同期装置，但变电站能够实现同期功能时计列（目前新建变电站已很少采用独立同期装置，其功能在测控装置中实现）

续表

序号	调试	调试子目种类	定额编号	单位	工程量计量	应用建议
2.9.5	变电站PMU同步相量测量（PMU）分系统调试		YS5-182～185	站		变电站配置PMU同步相量测量装置时计列
2.9.6	自动电压无功控制（AVQC）分系统调试		YS5-186～190	站		配置AVQC无功补偿系统的变电站计列
2.9.7	备用电源自动投入分系统调试		YS5-191～195	系统	备用电源自动投入装置数量	配置站用电切换及备用电源自动投入装置的变电站计列
3	整套启动调试（扩建工程调整系数根据主变压器/间隔/保护数量累加，每项定额调整系数不超过1）					
3.1	变电站（升压站）试运		YS6-1～7	站	（1）按一台变压器考虑，每增加一台增加0.2；带线路高压电抗器1.1。 （2）扩建主变压器0.5；扩建间隔0.3；保护改造0.05	
3.2	变电站监控系统调试		YS6-8～14	站	扩建主变压器0.5；扩建间隔0.3；保护改造0.05	
3.3	电网调度自动化系统调试		YS6-15～21	站（调度端数据主站）	扩建主变压器0.5；扩建间隔0.3；保护改造0.05	变电站接入调度端时按变电站电压等级执行相应定额

续表

序号	调试	调试子目种类	定额编号	单位	工程量计量	应用建议
3.4	二次系统安全防护调试	（1）调度（主站端）	YS6-22	系统（调度端主站各类系统）		调度主站端新增继电保护、故障录波信息管理系统、配电自动化系统、电能计量系统、大客户负荷管理系统时计列
		（2）变电站（子站）	YS6-23	站	扩建主变压器 0.5；扩建间隔 0.3；保护改造 0.05	变电站接入调度端时计列
3.5	500kV 变电站（升压站）试运专项测量	（1）隔离开关拉、合空母线	YS6-24	段		500kV 变电站计列
		（2）投、切空载变压器	YS6-25	台（三相）		
		（3）投、切无功设备	YS6-26	组		
		（4）投、切线路	YS6-27	回		
		（5）谐波测试	YS6-28	站		
4	特殊调试（35kV 以下耐压试验综合考虑在安装定额中）					
4.1	变压器调试					
4.1.1	变压器绕组连同套管的长时间感应耐压试验带局部放电试验		YS7-1～6	台	（1）500 以下三相台；500 及以上单相台，若为三相一体 1.7	110kV 及以上电压等级变压器计列
					（2）单做感应耐压试验 0.5，单做局部放电试验 0.8	

续表

序号	调试	调试子目种类	定额编号	单位	工程量计量	应用建议
4.1.1	变压器绕组连同套管的长时间感应耐压试验带局部放电试验		YS7-1～6	台	（3）第一台1，第二台0.8，第三台及以上0.6	
					（4）高压电抗器0.8	
4.1.2	变压器绕组连同套管的交流耐压试验		YS7-7～12	台	（1）第一台1，第二台0.8，第三台及以上0.6	110kV及以上电压等级变压器及中性点计列
					（2）高压电抗器0.8	35kV 及以下电压等级包含在变压器安装定额
					（3）单做主变压器中性点0.1	
4.1.3	变压器绕组变形试验		YS7-13～19	台	（1）第一台1，第二台0.8，三台以上0.6。 （2）高压电抗器0.8	包含用频谱法和短路阻抗法进行试验，以及试验所需的变压器直流电阻测量
4.2	断路器交流耐压试验		YS7-20～25	三相台	5台以内1，6～10台0.9，11～15台0.8，16～20台0.7，21台以上0.6	综合考虑了同间隔内隔离开关交流耐压试验
					仅隔离开关时0.1	（1）110kV及以上电压等级计列。 （2）35kV 及以下电压等级包含在断路器安装定额内

续表

序号	调试	调试子目种类	定额编号	单位	工程量计量	应用建议
4.3	穿墙套管耐压试验		YS7-26～31	支	5支以内1，6～10支0.9，11～15支0.8，16～20支0.7，21支以上0.6	（1）110kV及以上电压等级计列。 （2）35kV及以下电压等级包含在穿墙套管安装定额内
4.4	金属氧化物避雷器的工频参考电压和持续电流测量		YS7-32～37	组		110kV及以上电压等级计列
4.5	支柱绝缘子探伤试验		YS7-38～43	柱		110kV及以上电压等级计列，35kV及以下电压等级不计列
4.6	耦合电容器局部放电试验		YS7-44～48	台		结合国家电网有限公司通用设计方案及工程实际情况，载波通信设备应用较少，一般不计列。如有应用，可计列该项目
4.7	互感器调试					
4.7.1	互感器局部放电试验		YS7-49～55	单相台	5台以内1，6～10台0.9，11～15台0.8，16～20台0.7，21台以上0.6	按照GB 50150—2016《电气装置安装工程　电气设备交接试验标准》互感器抽样比例计列。

续表

序号	调试	调试子目种类	定额编号	单位	工程量计量	应用建议
4.7.1	互感器局部放电试验		YS7-49～55	单相台	5台以内1，6～10台0.9，11～15台0.8，16～20台0.7，21台以上0.6	GB 50150—2016中10.0.5：电压等级为35～110kV互感器的局部放电测量可按10%进行抽测；电压等级220kV及以上互感器在绝缘性能有怀疑时宜进行局部放电测量。 GIS、HGIS内的互感器局部放电费用含于相应集成设备“GIS、HGIS局部放电带电检测”中，不再另计
4.7.2	互感器交流耐压试验		YS7-56～61	单相台		10kV及以下电压等级包含在互感器安装定额内。 GIS、HGIS内的互感器耐压费用含于相应集成设备“GIS、HGIS交流耐压试验”中，不再另计
4.8	GIS调试					
4.8.1	GIS（HGIS、PASS）交流耐压试验		YS7-62～67	间隔	5间隔以内1，6～10间隔0.9，11～15间隔0.8，16～20间隔0.7，21间隔以上0.6	（1）110kV及以上电压等级计列。 （2）带断路器间隔和母线设备间隔均应计列。 （3）包含组合电器内断路器及互感器耐压试验。 （4）包含不带断路器间隔

续表

序号	调试	调试子目种类	定额编号	单位	工程量计量	应用建议
4.8.2	同频同相 GIS 交流耐压试验		YS7-68～69	间隔		只适用于扩建工程，采用同频同相交流耐压技术时计列
4.8.3	GIS（HGIS、PASS）局部放电带电检测		YS7-70～75	间隔	5 间隔以内 1，6～10 间隔 0.9，11～15 间隔 0.8，16～20 间隔 0.7，21 间隔以上 0.6	（1）110kV 及以上电压等级计列。 （2）带断路器间隔和母线设备间隔均应计列。 （3）包含组合电器内互感器局部放电试验。 （4）包含不带断路器间隔
4.9	接地调试					
4.9.1	接地网阻抗测试	（1）变电站	YS7-76～82	站		扩建工程新增主接地网时考虑
		（2）独立避雷针	YS7-83	基		配置独立避雷针计列
4.9.2	接地引下线及接地网导通测试		YS7-85～91	站	扩建主变压器时每一台 0.3；扩建间隔时每间隔 0.1	
4.10	电容器在额定电压下冲击合闸试验		YS7-92～94	组		110kV 及以下电压等级应计列该调试项目

续表

序号	调试	调试子目种类	定额编号	单位	工程量计量	应用建议
4.11	绝缘油综合试验	（1）三相电力变压器	YS7-95～105	台	电抗器绝缘油试验参照同容量变压器执行	
		（2）单相电力变压器	YS7-106～113			
		（3）互感器	YS7-114		断路器绝缘油试验（台/三相）按互感器乘 3	油浸式互感器计列
4.12	SF_6气体综合试验	（1）GIS（HGIS、PASS）SF_6气体综合试验	YS7-115～116	间隔	500kV 及以上 1.2	
		（2）GIS 母线 SF_6气体综合试验	YS7-117	段	500kV 及以上 1.2	
		（3）断路器 SF_6气体综合试验	YS7-118	台	（1）500kV 及以上 1.2。 （2）充气式开关柜 0.3。 （3）敞开式互感器（组） 参断路器执行	
		（4）SF_6气体全分析	YS7-119	站	新建、扩建站工程均为 1，不考虑系数调整	
4.13	相关表计校验	（1）关口电能表误差校验	YS7-120			常规电能表校验不计列
		（2）数字化关口电能表误差校验	YS7-121			

续表

序号	调试	调试子目种类	定额编号	单位	工程量计量	应用建议
4.13	相关表计校验	（3）SF_6 密度继电器	YS7-122			常规电能表校验不计列
		（4）气体继电器	YS7-123			
4.14	互感器误差测试	（1）电流互感器	YS7-124～130	组	单独做保护时 0.65	
		（2）电压互感器	YS7-131～137		单独做计量时 0.35	
		（3）电子式电流互感器	YS7-138～141		5 组以内 1，6～10 组 0.9，11～15 组 0.8，16～20 组 0.7，21 组及以上 0.6	开关柜内互感器计列
		（4）电子式电压互感器	YS7-142～145		10kV 互感器参 35kV 定额乘 0.3	
4.15	电压互感器二次回路压降测试		YS7-146～152	组	计量用电压互感器	互感器与电能表集成安装在开关柜时不计列
4.16	计量二次回路阻抗（负载）测试		YS7-153～159	组	计量用电压互感器、电流互感器之和	互感器与电能表集成安装在开关柜时不计列
5	输电线路调试					
5.1	接地网阻抗测试	铁塔接地	YS7-84	基		区别于常规接地，单独设计接地方案的工程计列

续表

序号	调试	调试子目种类	定额编号	单位	工程量计量	应用建议
5.2	护层试验	（1）遥测	YL5-1	互联段/三相		35kV 及以上电压等级计列护层遥测试验，交联单芯电缆和自容式充油电缆计列护层耐压试验、交叉互联试验
		（2）耐压试验	YL5-2			
		（3）交叉互联试验	YL5-3			
5.3	电缆耐压试验	（1）电缆主绝缘直流耐压试验	YL5-4～5	回路	同一地点做两回路及以上时，从第二回路开始按 60%计算	35kV 及以上电压等级交联电力电缆计列交流耐压试验，纸绝缘电缆和自容式充油电缆计列直流耐压试验
		（2）电缆主绝缘交流耐压试验	YL5-6～13			
5.4	电缆局部放电试验	（1）电缆 OWTS 震荡波 35kV	YL5-14	回路		
		（2）高频分布式 110kV（66kV）及以上	YL5-15	只		
5.5	电缆参数测定		YL5-16～19	回路		35kV 及以上各电压等级电缆线路计列
5.6	充油电缆绝缘油试验	（1）耐压、介质损耗	YL5-20	瓶		充油电缆计列
		（2）色谱分析	YL5-21	瓶		
		（3）油流、含气检查	YL5-22	油段/三相		

注 表中费用参考标准基于国家电网电定〔2021〕6 号，按《电力建设工程预算定额（2018 年版）第六册 调试工程》调整。

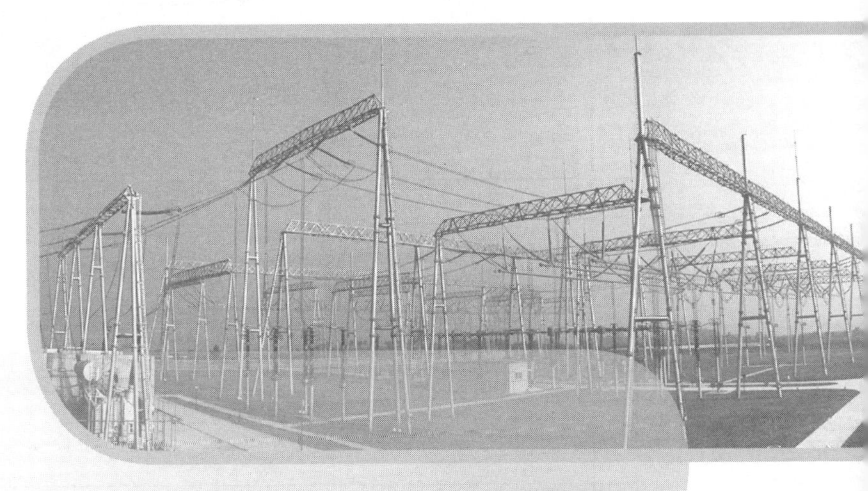

第三部分

线路工程技术经济评审操作手册

一、架空输电线路概算评审要点

架空输电线路初步设计概算评审操作手册

序号	评审内容	评审要点	参考指标	边界条件	备注
1	整体造价水平及分析	（1）初步设计概算原则上不能超核准。概算超核准批复10%以内，由项目前期建管单位审核报省公司发展部备案；概算超核准批复10%及以上的，应执行重大技术问题沟通汇报机制报省公司发展部。 （2）初步设计概算超可行性研究估算20%及以上工程，项目建设管理单位应按规定向省公司发展部申请可行性研究修编；未超可行性研究估算20%的工程，审查初步设计与可行性研究的差异，对与可行性研究有较大变化的量和价，应重点审查，落实具体原因，与其他专业协调一致。 （3）对比《国家电网有限公司输变电工程多维立体参考价（2021年版）》。对比《湖南省输变电工程差异化标准参考价（2020年版）》，工程造价水平超过或者低于对应参考价水平 10%以上的工程，均要增加方案技术经济比选专篇，说明该方案的充分必要性。 （4）采用机械化施工的线路，按架空输电线路机械化施工评审要点要求计列。并应进行机械化施工方案与常规方案造价的对比，通过技术经济指标分析，优化杆塔、基础等的选型，优化调整机械化实施方案，合理确定工程造价	可行性研究批复/核准/标准参考价/差异化标准参考价		

续表

序号	评审内容	评审要点	参考指标	边界条件	备注
2	本体费用	对照标准参考价本体费用占比，判断本体费用及其他费用占比合理性	标准参考价		
3	辅助设施工程费	（1）一般不计列。 （2）审核观冰站费用、线路“三跨”改造相关装置费用（分布式故障诊断装置、图像在线监测装置、视频在线监测装置）。依据设计方案、运检部门相关依据文件计列费用。如可行性研究估算未计列该项费用，需取得省公司发展部门的书面同意才能增补	参考价格：分布式故障诊断装置 18 万元/套，图像在线监测装置 0.7 万元/套，视频在线监测装置 4 万元/套	设计方案、国家电网运检〔2016〕777 号、基建技经〔2019〕29 号、湘电公司建设〔2019〕131 号	
4	编制年价差	（1）采用当期人材机调差文件。 （2）价差是建筑安装工程费的组成部分，凡以建筑安装工程费为取费基数的费用项目，计取时应将价差作为其计费的基数		定额〔2021〕3 号、基建技经〔2019〕29 号	
5	基本预备费	执行《电网工程建设预算编制与计算规定（2018 年版）》	可行性研究估算 2%，初步设计概算 1.5%，施工图预算 1%		
6	特殊项目费	工程现场人员管理系统费用不再单独列入特殊项目费用中，由安全文明施工费和项目法人管理费（工程信息化管理费）解决		建市〔2019〕18 号	
7	建设期贷款利息	按静态投资额×0.5×0.8×贷款实际利率计算。依据国发〔2015〕51 号，资本金比例按 20%，贷款计算年限 1 年	建设期贷款利息按收口时间当期的贷款市场报价利率（LPR）计	国发〔2015〕51 号	

续表

序号	评审内容	评审要点	参考指标	边界条件	备注
8	单位工程造价水平	对照参考指标，审核基础工程/杆塔工程/接地工程/架线工程/附件安装工程/辅助工程各单位工程费用，审核占比合理性	费用占比参考指标：基础工程25%～35%，杆塔工程35%～41%，接地工程2%～4%，架线工程13%～20%，附件安装工程9%～12%，辅助工程1%～2%		
9	取费标准	（1）取费执行《电网工程建设预算编制与计算规定（2018年版）》标准。 （2）社保和公积金费率参照当地政府文件（现行社保费率27.2%，住房公积金12%）。 （3）工程税率9%			
10	地形	（1）严格按照地形图和定额地形定义说明审核，必要时现场核实。地形设置应与设计详细核实，真实反映工程情况，高山、峻岭等特殊地形应按实际情况据实计列。 （2）区分工程地形和运输地形，结合运输条件综合核定。 （3）城市市区，除人力运输外，均按“丘陵”地形计算	定额中地形定义（含湖南省内地形分布情况参考）： （1）平地：指地形比较平坦广阔，地面比较干燥的地带（主要分布在城市及郊区较为干旱的田地菜地）。 （2）丘陵：指陆地上起伏和缓、连绵不断的矮岗、土丘，水平距离1km以内地形起伏在50m以下的地带（湖南省内分布较广，各地区均有）。 （3）山地：指一般山岭或沟谷等，水平距离250m以内，地	1:50000路径图或1:10000路径图	

续表

序号	评审内容	评审要点	参考指标	边界条件	备注
10	地形	（1）严格按照地形图和定额地形定义说明审核，必要时现场核实。地形设置应与设计详细核实，真实反映工程情况，高山、峻岭等特殊地形应按实际情况据实计列。 （2）区分工程地形和运输地形，结合运输条件综合核定。 （3）城市市区，除人力运输外，均按“丘陵”地形计算	形起伏在50～150m的地带（主要分布在怀化、湘西、张家界等地形较复杂的地区）。 （4）高山：指人力、牲畜攀登困难，水平距离250m以内，地形起伏在150～250m的地带（主要分布在怀化、湘西、张家界等地形较复杂的地区）。 （5）峻岭：指地势十分险峻，水平距离250m以内，地形起伏在250m以上的地带（湖南省内分布较少）。 （6）泥沼：指经常积水的田地及泥水淤积的地带（主要分布在农村水田种植区域）。 （7）河网：指河流频繁，河道纵横交叉成网，影响正常陆上交通的地带（主要分布在湘资沅澧等流域及洞庭湖周边）。 （8）沙漠：指地面完全被沙所覆盖、植物非常稀少、雨水稀少、空气干燥，在风的作用下地表会变化和移动，昼夜温差大的荒芜地区（湖南省内没有）	1:50000路径图或1:10000路径图	

续表

序号	评审内容	评审要点	参考指标	边界条件	备注
11	地质	严格按照地质勘察报告和定额地质定义说明审核，必要时现场核实	定额中地质定义（含湖南省内地质分布情况参考）： （1）普土：指种植土、黏砂土、黄土和盐碱土等，稍密、中密状态的粉土，软塑、可塑状态的粉质黏土等，主要用锹、铲、锄头挖掘，少许用镐翻松后即能挖掘的土质。 （2）坚土：指土质坚硬难挖的红土、板状黏土、重块土、高岭土，硬塑状态的粉质黏土、密实状态的粉土等，必须用铁镐、条锄挖松，部分须用撬棍，再用锹、铲挖出的土质（长株潭丘陵地形，湖南省岳阳市等靠近江西省，常德市等靠近湖北区域大部分岗地分布红色网纹土，均属于坚土）。 （3）松砂石：指碎石、卵石和土的混合体，全风化状态及强风化状态不需要打眼、爆破或风镐打凿方法开采的岩类（衡阳、邵阳、娄底、郴州等丘陵地形，常德、益阳等靠近湘西北地区松砂石比例较高）。	地质勘察报告	

续表

序号	评审内容	评审要点	参考指标	边界条件	备注
11	地质	严格按照地质勘察报告和定额地质定义说明审核，必要时现场核实	（4）岩石：指中风化、微风化状态、全风化状态及强风化状态需采用打眼、爆破或部分用风镐打凿方法开采的岩类（张家界、湘西、怀化、永州等山地地形，部分地区岩石裸露，岩石比例高）。 （5）泥水：指坑的周围经常积水，坑的土质疏松，如淤泥和沼泽地等，挖掘时因水渗入和浸润而成泥浆，容易坍塌，土和水的混合物呈流动状态，需用挡土板和适量排水才能挖掘的土质（岳阳、常德、益阳等农田区及洞庭湖区泥水比例较高）。 （6）流沙：指土质为砂质或分层砂质，稍密、中密的细砂、粉细砂，有地下水，需用挡土板和适量排水才能挖掘的土质（湘资沅澧等流域及洞庭湖周边存在流沙）。 （7）水坑：指土质较密实，开挖中坑壁不易坍塌，有地下水，挖掘过程中需要机械排水才能施工的土质。	地质勘察报告	

续表

序号	评审内容	评审要点	参考指标	边界条件	备注
11	地质	严格按照地质勘察报告和定额地质定义说明审核，必要时现场核实	（8）尖峰、接地等挖深不大的土石方工程量中一般不会出现岩石地质	地质勘察报告	
12	线路特征	核实单回路或多回路、几回挂线、改造、更换导地线及调整间隔		设计说明书、路径图	
13	导地线型号	核实不同回路、不同特征段导地线型号			
14	工地运输	（1）根据路径图审核人力运距计算是否合理，必要时现场核实。 （2）根据路径图审核汽车运距计算是否合理，必要时现场核实。材料站设置应尽量临近线路中间位置。 （3）采用张力架线，线材不计人力运输。 （4）钢管杆、电缆一般不计人力运输。 （5）砂、石等一般采用地方信息价，只计算人力运输，不计汽车运输；水运输一般不计。 （6）采用商品混凝土、机械化施工的人力运输按机械化施工评审要点要求计列。 （7）人力运距计列可参照典型设计。特殊地区如无人山区等超典型设计运距的可与设计核实后据实计列。工程涉及乡村公路限制或设置重车通行障碍的工程，汽车运距可结合实际情况适当增加。	（1）人力运距典型设计参考值（风电送出工程出线段等无人区运输除外）： 1）35kV 线路：平地 150m，丘陵 350m，山地 500m，河网、泥沼 450m。 2）110kV 线路：平地 250m，丘陵 500m，山地 800m，高山 1200m，峻岭 1500m，河网、泥沼 600m。 3）220kV 线路：平地 250m，丘陵 500m，山地 800m，高山 1200m，峻岭 1600m，河网、泥沼 600m。	1:50000 路径图或 1:10000 路径图	

续表

序号	评审内容	评审要点	参考指标	边界条件	备注
14	工地运输	（8）城区钢管杆基础，城区挖孔基础，电缆井、沟的余土和灌注桩泥浆可按政府相关部门要求计列余土外运费用。库区、风景区、地形特别恶劣的地区余土外运设计提出详细运输方案，据实计列费用	4）500kV 线路：平地 300m，丘陵 600m，山地 900m，高山 1300m，峻岭 1500m，河网、泥沼 700m。 （2）汽车运输距离原则上按线路长度一半考虑（低于 5km 的线路可按 5km 考虑）。 （3）汽车平均运输距离不足 1km 者按 1km 计	1:50000 路径图或 1:10000 路径图	
15	基础工程	土石方审核： （1）严格按照定额说明中土石方计算规则计算。 （2）对照《国家电网公司输变电工程通用造价（2014 年版）》的基础土石方和基础混凝土量（混凝土与基坑土石方倍率）参考指标，分析判断基础合理性	（1）地脚螺栓采用省公司集中招标，按最新国网信息价中三种典型材质铁塔价格的平均值下浮 800 元/t 后参与取费。特殊高强材质地螺在设计阶段根据设计方案调整。 （2）声测管材料费按照 25 元/m 计列	基础一览图	
		混凝土量审核： （1）核实基础数量、型号。 （2）对照《国家电网公司输变电工程通用造价（2014 年版）》的混凝土量参考指标，分析判断基础经济合理性。 （3）非城区线路工程，一般不计列线路工程施工用水费用			

续表

序号	评审内容	评审要点	参考指标	边界条件	备注
15	基础工程	（1）各类土、石质按设计地质资料确定，除挖孔基础和灌注桩基础外，不做分层计算。同一坑、槽、沟内出现两种或两种以上不同土、石质时，则一般选用含量较大的一种土、石质确定其类型。出现流沙层时，不论其上层土质占多少，全坑均按流沙坑计算；出现地下水涌出时，全坑按水坑计算。 （2）人力开凿岩石是指在变电站、发电厂、通信线、电力线、铁路、居民点以及国家级的风景区等附近受现场地形或客观条件限制，设计要求不能采用爆破施工者。 （3）钢筋损耗区分型钢（成品、半成品）损耗率 0.5%及（加工制作）损耗率 6%。 （4）挖孔桩基础钢筋制作安装为钢筋笼，现浇基础为一般钢筋。 （5）灌注桩基础定额中，不包含基础防沉台、承台和框梁的浇制工作，如有另套用“现浇基础”定额。 （6）挖孔基础坑深 5m 以上混凝土浇制套用桩基础浇灌定额。 （7）区分核实基础垫层尺寸及不同材料类型，如铺石、铺石灌浆、铺石加浇混凝土、灰土垫层等。 （8）按照设计图纸核实人工挖孔桩基础土石方、人工挖孔桩现浇护壁用量。 （9）采用声波检测法的工程可单独计列声测管材料费	（1）地脚螺栓采用省公司集中招标，按最新国网信息价中三种典型材质铁塔价格的平均值下浮 800 元/t 后参与取费。特殊高强材质地螺在设计阶段根据设计方案调整。 （2）声测管材料费按照 25 元/m 计列	基础一览图	

续表

序号	评审内容	评审要点	参考指标	边界条件	备注
16	接地工程	工程量核实： （1）核实接地装置数量、型号。 （2）如采用特殊接地形式，需核实图纸为准。 （3）核实接地土石方。注意不同土质时的槽宽和槽深	设计图中一般接地装置尺寸： 接地槽宽：0.4m。 接地槽深：土类和松砂石地质为 0.6m；泥水地质为 0.8m	接地装置一览图	
		（1）防盗角钢不能套用接地极安装定额。 （2）混凝土杆采用明导通接地，才套取混凝土杆高空接地引下线。铁塔接地不能套用此定额。 （3）注意部分水泥杆不做接地（无地线架设），水田和居民密集区需做接地，注意土质对应的埋深。 （4）核实接地模块或者石墨等特殊降阻材料的用量	材料参考市场价：接地模块按 200 元/块，石墨按 80 元/m 计列		
17	杆塔工程	工程量核实： （1）核实杆塔数量、型号。 （2）对照《国家电网公司输变电工程通用造价（2014 年版）》的杆塔用量参考指标，分析判断杆塔经济合理性		杆塔一览图/主要材料清册	
		注意采用杆塔直线、耐张特征，区分角钢塔、钢管塔、钢管杆，注意采用铁塔全高			

续表

序号	评审内容	评审要点	参考指标	边界条件	备注
18	架线工程	工程量核实： （1）核实导地线型号、路径长度、单回路或多回路、几回挂线、改造和更换导地线及调整间隔。 （2）核实牵张场数量	设计文件未明确时，牵张场数量按以下标准核算：500kV，按 6km 一处设置；220kV，按 5km 一处设置；110kV 及以下，按 4km 一处设置	设计说明书、材料清册、路径图	
		（1）导线按线路亘长 km/三相计算。避雷线单根按线路亘长 km 计算。 （2）导引绳展放：区分导引绳的展放形式（人工、飞行器），按线路亘长，以“km”为计量单位计算。同塔多回路同时架设时，工程量＝线路亘长×回路数。 （3）单根避雷线（含 OPGW）跨越定额适用于单独架设避雷线、OPGW 或更换时使用。如与导线同时架设时，已包含在相应导线跨越中。单根避雷线（含 OPGW）带电跨越时按“带电跨越电力线”定额乘 0.1 系数。 （4）飞行器展放按定额说明可考虑飞行器租赁费，计入其他费。 （5）铝包钢绞线定义为良导体，不是钢绞线。 （6）带电跨越电力线，核实电力线电压等级，单双回等。 （7）跨越高速公路与一般公路，核实车道数量，套用超宽系数。	（1）JNRLH58/LB1A-400/50 导线参考价：23800 元/t。 （2）飞行器租赁费暂按 220kV 及以上架空线路工程 3000 元/km，110kV 架空线路工程 2000 元/km		

续表

序号	评审内容	评审要点	参考指标	边界条件	备注
18	架线工程	（8）剖接、改接、T接及调换间隔等涉及调整弧垂工程量核实。剖接、改接、T接及调换间隔等涉及调整弧垂工程量，一般按架线定额系数乘0.5计算 （9）穿越电力线，根据被穿越线路电压等级，按“跨越电力线”定额乘0.75系数。 （10）220kV及以上工程按张力架线方式，35、110kV 线路工程可根据施工组织方案确定具体放线形式	（1）JNRLH58/LB1A-400/50导线参考价：23800元/t。 （2）飞行器租赁费暂按220kV及以上架空线路工程3000元/km，110kV架空线路工程2000元/km		
19	附件工程	工程量核实： （1）核实悬垂、耐张、跳线绝缘子片数及型号与设计说明书说明一致。 （2）悬垂绝缘子串数量与新建直线杆塔数量相匹配。包括利旧杆塔更换或挂线金具。 （3）耐张绝缘子串数量与新建耐张杆塔数量相匹配。包括利旧杆塔更换或挂线金具。 （4）跳线绝缘子串数量与新建耐张杆塔数量相匹配。包括利旧杆塔更换或挂线金具。 （5）核实防振锤数量。 （6）核实间隔棒数量。	（1）悬垂绝缘子串数量：一般（折）单回路每基3相（串）。 （2）耐张绝缘子串数量：一般（折）单回路每基6组（串），龙门架单回路耐张串每处3组（串）。 （3）跳线绝缘子串数量：一般（折）单回路每基3组（串）。 （4）防振锤数量：平均6～12个/基（大小号侧）×分裂数。 （5）间隔棒数量：双分裂（水平布置）及以上，平均40～80m安装1个。 （6）均压环、屏蔽环数量：单回路3相/基，双回路6相/基。	设计说明书及挂线金具一览图	

续表

序号	评审内容	评审要点	参考指标	边界条件	备注
19	附件工程	（7）核实均压环、屏蔽环数量（一般 500kV 及以上才配置）	（7）备份线夹参考价格：110kV 导线用 2500 元/套，220kV 导线用 3500 元/套，地线 800～1200 元/套	设计说明书及挂线金具一览图	
		（1）附件工程同塔非同时架设多回，在架设下一回时相应定额人工、机械乘 1.1 系数。 （2）跳线绝缘子串悬挂工作套用“绝缘子串悬挂”的相应定额，跳线线夹安装工作套用“导线悬垂线夹安装”的相应定额。 （3）防振锤安装时需缠绕预绞丝的，按“防振锤安装”定额乘 1.2 系数。 （4）避雷线架线定额均已包括除防振锤外的附件安装工作			
20	辅助工程	（1）核实输电线路试运行回路数。35kV 线路不计线路试运费。剖接工程，剖开后一般按 2 条线路考虑。定额按线路长度 50km 以内考虑，不足 50km 按 50km 计算。线路超 50km 按定额说明调整系数，每增加 50km，定额乘 0.2。一回输电线路由架空和电缆两部分组成时，按一回计算试运行费。 （2）尖锋、施工基面土石方、护坡、挡土墙及排洪沟一般只在山地、高山及峻岭地形才考虑。	（1）线路避雷器一般为 2 台/组。单回线路安装在两边相，同塔双回线路（鼓型排列）安装在上、中相，位于边坡的杆塔安装于下山坡侧的边相。 （2）老线路更换三牌的费用列入其他费用的生产准备费，单回路 150/基，双回路 400/基	设计说明书	

续表

序号	评审内容	评审要点	参考指标	边界条件	备注
20	辅助工程	（3）路床整形指平均厚度30cm以内的人工挖高填低、平整找平。平均厚度30cm以上时，另行套用土石方工程定额。施工道路的拆除清理未予考虑，需要时，按相应定额的人工、机械乘以0.7的系数。施工道路的尺寸按施工组织设计确定。 （4）浆砌护坡和挡土墙砌筑中的砂浆用量，应按设计规定计算，如设计未规定时，砂浆用量按挡土墙或护坡体积的20%计算。 （5）注意线路避雷器的使用。 （6）杆塔三牌执行湘电基建〔2010〕333号，只计取安装费，材料费用不另计（生产准备费开支），老线路更换三牌的材料费列入其他费用的生产准备费。 （7）耐张线夹X射线探伤定额适用于架空输电线路导线、避雷线耐张线夹检测。计量单位"基"，是指单回路每基单侧的导线、避雷线耐张线夹探伤，如多回路或每基双侧探伤时按定额要求调整系数	（1）线路避雷器一般为2台/组。单回线路安装在两边相，同塔双回线路（鼓型排列）安装在上、中相，位于边坡的杆塔安装于下山坡侧的边相。 （2）老线路更换三牌的费用列入其他费用的生产准备费，单回路150/基，双回路400/基	设计说明书	
21	拆除费用	（1）根据《电网工程建设预算编制与计算规定（2018年版）》规定计列余物清理费（费率已包含拆除、清理）。计算公式：余物清理费＝取费基数×费率。输电线路及通信线路，拆除后能利用（安装工程新建直接费×62%），拆除后不能利用（安装工程新建直接费×35%）。		建设〔2020〕36号	

续表

序号	评审内容	评审要点	参考指标	边界条件	备注
21	拆除费用	（2）余物清理费费率中已包含运距在5km以内的运输费用，超出部分计列汽车运输费用。拆除工程电杆、非标件、铁塔、导线计列人力运输费用。 （3）核实实施方案，计列拆除工程带电跨越电力线措施费。 （4）拆除工程跨越公路、铁路措施费按新建工程跨越措施费用标准控制（手续费参照新建工程费用标准×0.35控制）。 （5）拆除造成的青苗赔偿费用按实际青苗赔偿数量和工程所在地人民政府规定的赔偿标准计列。 （6）拆除费用汇总列入建设场地征用及清理费。 （7）如可行性研究方案和估算未考虑拆除和费用，需湖南省电力有限公司发展策划部认可后才能增补计列		建设〔2020〕36号	
22	主要材料及设备价格	（1）预算价采用《电力建设工程装置性材料预算价格（2018年版）》。 （2）主材市场价严格执行当期国网定额站信息价。对于信息价中没有的设备材料，采用近期招标价或者市场询价。询价需提供不少于三个厂家询价单，采用相对较低值。 （3）水泥、砂、石、钢筋等地材执行当地当期地材信息价，需提供依据。 （4）甲供主材含增值税13%			

续表

序号	评审内容	评审要点	参考指标	边界条件	备注
23	建设场地征用及清理费/土地征用费	（1）核实塔基占地面积、临时占地面积等，按照依据湘政发〔2021〕3号测算数据中各地区不办证单价计列。 （2）对于实际情况超湘政发〔2021〕3号标准的，需另提供有效依据文件（如政府新颁发的征地补偿文件和前一年度竣工结算的实际结算数据）。 （3）建场费按原计算公式计列，费用标准参考各地市电网建设战略框架协议（注意框架协议中包含的费用内容）	（1）计列公式：塔基永久占地面积×占地单价＋临时占地面积×占地单价×0.15。 （2）总占地（永久占地＋临时占地）面积参考用量指标：35kV线路，0.2亩/基；110kV线路，0.6亩/基；220kV线路，0.8亩/基；500kV线路，1.1亩/基	湘政发〔2021〕3号、塔基征地一览表、各地市电网建设战略框架协议	
24	建设场地征用及清理费/输电线路走廊清理费（青苗赔偿费用）	（1）核实各线路段实际植被覆盖种类和比例，设计须出具青苗覆盖情况统计表。 （2）对于实际情况超湘电建定〔2016〕1号标准的，需另提供有效依据文件（如政府新颁发的赔偿标准和前一年度竣工结算的实际结算数据）。	（1）计列公式： （35kV线路长度×0.8×3/667＋基数×0.5）×青苗赔偿综合单价； （110kV线路长度×0.8×4/667＋基数×0.65）×青苗赔偿综合单价； （220kV线路长度×0.8×5/667＋基数×0.75）×青苗赔偿综合单价； （500kV线路长度×0.8×6/667＋基数×1.12）×青苗赔偿综合单价；	湘电建定〔2016〕1号、青苗覆盖情况统计	

续表

序号	评审内容	评审要点	参考指标	边界条件	备注
24	建设场地征用及清理费/输电线路走廊清理费（青苗赔偿费用）	（3）公司已明确线路工程高跨设计要求，原则上 35kV 及以上输电线路不得跨越成片经济树木、特殊古木、成片房屋、宅基地。设计阶段，线路通道范围内确需成片砍伐经济林木、特殊古木的，应详勘需砍伐树木的类型、数量、等级等信息，设计文件中专题说明，概算中据实计列费用	其中，青苗赔偿综合单价依据实际植被覆盖比例，按照湘电建定〔2016〕1 号中青赔单价加权平均所得。 （2）青赔费用参考单千米指标（整体费用参照框架协议）：35kV 线路，1.8 万～2.2 万元/km；110kV 线路，2.4 万～3 万元/km；220kV 线路，2.5 万～4 万元/km；500kV 线路，4 万～5 万元/km	湘电建定〔2016〕1 号、青苗覆盖情况统计	
25	建设场地征用及清理费/植被恢复费用	泥沼、河网地形不计列该项费用，其余地形计列	计列公式： （1）一般林地，按照塔基永久占地面积×2×10 元/m^2×林地系数。 （2）国家和省级公益林林地、城市规划区林地等参照文件标准，按实计取费用	财税〔2015〕122 号、《湖南电力建设关于规范输电线路工程林业手续管理的会议纪要》	
26	建设场地征用及清理费/施工场地租用费	计列牵张场地赔偿费	（1）牵张场赔偿费用参考：110kV 按 3000 元/处，220kV 按 5000 元/处，500kV 按 8000 元/处。 （2）设计文件未明确时，牵张场数量按以下标准核算：500kV 按 6km 一处设置，220kV 按 5km 一处设置，110kV 及以下按 4km 一处设置		

续表

序号	评审内容	评审要点	参考指标	边界条件	备注
27	建设场地征用及清理费/输电线路跨越补偿费（跨越普铁、高铁、高速公路、河流、房屋相关费用）	（1）和技术加强沟通，尽量避免铁路跨越方案。 （2）核实设计提供的具体跨越措施方案，计列跨越相关费用。 （3）核实跨越河流、房屋数量和类型等级	（1）跨越高铁相关费用： 500kV 线路按 116 万/处咨询手续费＋100 万/处跨越措施补助费计列； 220kV 线路按 116 万/处咨询手续费＋80 万/处跨越措施补助费计列； 110kV 及以下线路按 116 万/处咨询手续费＋50 万跨越措施补助费计列。 （2）跨越电气化铁路相关费用： 500kV 线路按 116 万/处咨询手续费＋40 万/处跨越措施补助费计列； 220kV 线路按 116 万/处咨询手续费＋30 万/处跨越措施补助费计列； 110kV 及以下线路按 116 万/处咨询手续费＋20 万跨越措施补助费计列。 （3）跨越一般铁路相关费用：10 万元/处。 （4）跨高速公路相关费用：20 万元/处。	国家电网运检〔2016〕777 号、《国网湖南电力建设部关于电网工程建设跨越高铁高速公路相关问题的会议纪要》、跨越措施方案	

续表

序号	评审内容	评审要点	参考指标	边界条件	备注
27	建设场地征用及清理费/输电线路跨越补偿费（跨越普铁、高铁、高速公路、河流、房屋相关费用）	（1）和技术加强沟通，尽量避免铁路跨越方案。 （2）核实设计提供的具体跨越措施方案，计列跨越相关费用。 （3）核实跨越河流、房屋数量和类型等级	（5）跨 6 车道以上公路、国道相关费用：2.5 万元/处。 （6）跨通航河流（如需开展通航评估，评估费用另计入前期工作费）：一般 2.5 万元/处，主航道 2.5 万～10 万元/处。 （7）跨房屋：新建线路 2.5 万元/处；原路径改造线路 1.5 万元/处。 （8）施工跨越许可手续费执行 2019 年 5 月 14 日《国网湖南电力建设部关于输变电工程建设办理跨越铁路、高速公路许可手续费用的会议纪要》相关要求。 （9）35kV 线路原则上不允许跨越鱼塘，其余电压等级跨越鱼塘赔偿费按 5000 元/处计列	国家电网运检〔2016〕777 号、《国网湖南电力建设部关于电网工程建设跨越高铁高速公路相关问题的会议纪要》、跨越措施方案	
28	建设场地征用及清理费/房屋拆迁费用	（1）房屋拆迁费用原则上依据省市级政府文件的标准计列，对于实际情况超文件标准的，需另提供有效依据文件（如前一年度竣工结算的实际结算数据）。 （2）设计核实拆房面积，设计须出具拆房面积一览表		相关省市级政府文件、拆房面积一览表	

续表

序号	评审内容	评审要点	参考指标	边界条件	备注
29	建设场地征用及清理费/线路迁改费用	要求设计必须提供具体方案，按照对应电压等级编制费用预算附件	线路迁改费用参考： （1）弱电、通信线路 6 万元/km，通信塔迁移 25 万/处。 （2）系统内的 10kV 线路 15 万元/km。 （3）35kV 线路 25 万～30 万元/km	线路迁改详细方案说明	
30	建设场地征用及清理费/迁坟费用	核实迁坟实际情况，执行县级及以上政府文件	迁坟费用参考：1000～5000 元/座（明坟不超 5000 元/座，暗坟不超 1000 元/座）		
31	建设场地征用及清理费/其他	（1）停电过渡需提供详细设计方案，经技术评审确认，在评审纪要中明确。对于过渡方案较复杂或采用电缆的方案，须执行沟通汇报，取得批复单位书面认可。停电过渡费用按照实际方案计算，可重复利用的材料（如电缆）按照材料费×1/6 计列。 （2）航空障碍灯费用，一般机场附近要求安装，注意跟设计确认必要性	航空障碍灯费用参考：5500 元/套（四个灯头为一套），费用计入辅助设施费用	水利部门文件、相关合同	
32	其他费用/监理费	（1）执行办基建〔2015〕100 号。 （2）按照输变电工程线路累计长度计算，短线路工程按总费用不超过设计费控制		基建技经〔2019〕29 号	

续表

序号	评审内容	评审要点	参考指标	边界条件	备注
33	其他费用/工程保险费		35～750kV，（建筑工程费＋安装工程费＋设备购置费）×0.08%	省公司财务部签报	
34	其他费用/前期工作费	（1）按合同金额计列。 （2）未签订合同的，原则上不计列，确实需要发生的建设管理单位出具需求确认，费用标准按湘电建定〔2020〕1号执行。 （3）根据发改环资规〔2017〕1975号，节能评估费不再计取		合同、湘电建定〔2020〕1号、盖章的需求确认表	
35	其他费用/勘察设计费	（1）初步设计阶段按照国家电网电定〔2014〕19号计列。 （2）同一输变电工程中，多条剖接或改接线路勘测半径在5km以内按线路累计长度计算；线路路径长度不足5km，按5km进行收费；5km以上按实际长度计算。 （3）总体设计费一般不计，在特大项目分多个设计单位设计时，指定牵头汇总的设计单位可计算总体设计费。 （4）采用三维设计的工程，计列三维设计费，按设计费乘10%计算。 （5）110～500kV电压等级线路，单条线路路径长度不小于20km，或输变电工程项目内多条线路路径长度累计不小于20km，或通道走廊紧张的输电线路工程以及“三跨”段线路，要求应用航测数字技术。	（1）勘察费用参考指标：35kV，5千～8千元/km；110kV，1.5万～2.1万元/km；220kV，2.5万～3.5万元/km；500kV，3.5万～5万元/km。 （2）《国网湖南电力建设部关于输电线路工程应用航测数字技术的通知》（建设〔2019〕118号），根据地区分类的计价标准如下： 500kV输电线路工程航测数字技术服务费为：Ⅰ、Ⅱ类地区5252元/km，Ⅲ类地区6973元/km，Ⅳ类地区8763元/km；	国家电网电定〔2014〕19号、建设〔2019〕118号、办基建〔2018〕73号	

续表

序号	评审内容	评审要点	参考指标	边界条件	备注
35	其他费用/勘察设计费	（6）应用海拉瓦航拍技术的输电线路工程，取消量测房屋分布及全数字摄影测量系统优化路径附加调整系数	220kV 输电线路工程航测数字技术服务费为：Ⅰ、Ⅱ类地区 4352 元/km，Ⅲ类地区 5276 元/km，Ⅳ类地区 6326 元/km； 110kV 输电线路工程航测数字技术服务费为：Ⅰ、Ⅱ类地区 4049 元/km，Ⅲ类地区 4770 元/km，Ⅳ类地区 5612 元/km	国家电网电定〔2014〕19 号、建设〔2019〕118 号、办基建〔2018〕73 号	
36	其他费用/设计文件评审费	（1）执行《电网工程建设预算编制与计算规定（2018 年版）》，采用差额定率累进法计算。 （2）按照输变电工程线路累计长度计算。110kV 及以下线路，同一输变电工程线路长度不足 5km 按照 5km 计列；220kV 及以上线路，同一输变电工程线路长度不足 10km 按照 10km 计列			
37	其他费用/电力工程质量检测费	除桩基检测费单独计列外，湘电公司建设〔2019〕131 号中的其余线路第三方检测费用均在项目法人管理费中开列，不再单独计列	（1）小应变 100%检测；大应变按照 5%的桩总数做，不少于 5 个。 （2）按小应变 300 元/根，大应变 5000 元/根计列	湘电公司建设〔2019〕131 号、湘质安协字〔2016〕19 号	
38	其他费用/管理车辆购置费	不计列			

续表

序号	评审内容	评审要点	参考指标	边界条件	备注
39	其他费用/后评价费	根据后评价项目清单按《电网工程建设预算编制与计算规定（2018年版）》计列			
40	其他费用/专业爆破服务费		按照工程所在地行政主管部门相关规定执行。未提供相关依据的，暂估列2.5万/县		

二、电缆输电线路概算评审要点

序号	评审内容	评审要点	参考指标	边界条件	备注
1	整体造价水平	对照参考指标，审核整体造价水平	电缆工程单位造价参考指标（万元/km）： 35kV 线路：电缆型号1×185-300，安装部分80万～120万元/km； 110kV 线路：电缆型号1×630-1200，安装部分270万～480万元/km； 220kV 线路：电缆型号1×1600-2500，安装部分500万～900万元/km		

续表

序号	评审内容	评审要点	参考指标	边界条件	备注
2	电缆土建工程	（1）按图核实电缆敷设沟槽开挖土石方、破路面面积。 （2）核实支撑搭拆数量，井与沟的不同。 （3）砖砌、现浇工井按图纸实砌或现浇体积计算。定额中砖、砂、防水粉、水等未计价材料量按设计用量计列。 （4）开启井套用直线工井定额。三通工井、四通工井及其他异型工井在计取直线工井浇制定额的同时另计凸口，凸口处扣除直线工井井壁上的凸口孔洞的混凝土量。核实凸口数量，一般三通井有1个凸口，四通井有2个凸口。 （5）注意排管浇制混凝土量＝排管体积－内衬管体积。 （6）排管浇制，垫层不含在排管混凝土浇制中；顶管按定额计算，管材为未计价材料，不能采用一笔性费用单价计列。 （7）电缆终端杆围栏依据设计工程量计列，单价参照市场价格。 （8）电缆线路工程中，凡与市政共用的沟、井、隧道和保护管工程均划归市政工程范畴，不列入电缆线路的建筑工程费		设计说明书及相关图纸	

续表

序号	评审内容	评审要点	参考指标	边界条件	备注
3	电缆安装工程	（1）电缆敷设按截面以 m/三相，长度为设计材料长度（包括波形敷设、接头、两端裕度等附加长度）。 （2）电缆接头按截面以套/三相计。 （3）核实区分保护接地箱和直接接地箱。 （4）核实终端电缆头安装超高平台搭设。 （5）35kV 电缆采用 OWTS 震荡波局部放电试验，以“回路”为计量单位；110kV 以上电缆采用高频分布式局部放电试验，按电缆接头、终端数量计算，以“只”为计量单位。 （6）电缆交流耐压实验在同一地点做两回路及以上实验时，从第二回按 60%计算			
4	主要材料及设备价格	（1）电缆线路工程中，避雷器、接地箱、交叉互联及监测装置属于设备。35kV 及以上电缆、电缆头属于设备性材料，计入设备购置费。 （2）预算价采用电力建设工程装置性材料预算价格（2018 年版）。 （3）主材市场价执行当期国网定额站信息价。对于信息价中没有的设备设备材料，采用近期招标价或者市场询价。询价需提供不少于三个厂家询价单，采用相对较低值。 （4）水泥、砂、石、钢筋等地材执行当地当期地材信息价，需提供依据	价格参考：电缆夹具价格按 160 元/套计列		

续表

序号	评审内容	评审要点	参考指标	边界条件	备注
5	建设场地征用及清理费/征地费用	核实变电站电缆出线的电缆井、沟的永久占地面积等，按照依据湘政发〔2021〕3号测算数据中各地区不办证单价计算			
6	建设场地征用及清理费/青苗赔偿费用	城市绿化带青苗赔偿费可参照相关市政规定计列		相关市政赔偿文件、绿化赔偿情况统计	
7	建设场地征用及清理费/路面恢复费	路面恢复费可参照相关市政规定计列		相关市政赔偿文件、路面修复情况统计	
8	建设场地征用及清理费/输电线路跨越补偿费	（1）和技术加强沟通，35kV 线路尽可能不跨越或者钻越铁路、高速公路。 （2）核实设计提供的具体钻越措施方案，计列相关费用	核实低穿高铁的数量和方式，通过涵洞或高架桥下方低穿铁路手续费用按5万元/处计列，顶管、拉管方式低穿铁路手续费用按30万元/处计列，低穿高速公路手续费用按2万元/处计列		
9	其他费用/工程保险费		35～750kV，（建筑工程费＋安装二程费＋设备购置费）×0.08%	省公司财务部签报	

续表

序号	评审内容	评审要点	参考指标	边界条件	备注
10	其他费用/前期工作费	（1）按合同金额计列。 （2）未签订合同的，原则上不计列，确实需要发生的建设管理单位出具需求确认，费用标准按湘电建定〔2020〕1 号执行		湘电建定〔2020〕1 号	
11	其他费用/勘察设计费	（1）初步设计阶段按照国家电网电定〔2014〕19 号计列。 （2）在同一线路工程中，多条剖接或改接线路勘测半径在 5km 以内按线路累计长度计算。 （3）无新建土建部分的电缆线路不计列勘察费		国家电网电定〔2014〕19 号	
12	其他费用/后评价费	根据后评价项目清单按《电网工程建设预算编制与计算规定（2018 年版）》计列			
13	其他费用/管理车辆购置费	不计列			

三、光缆线路概算评审要点

序号	评审内容	评审要点	参考指标	边界条件	备注
1	整体要求	同一输变电工程中，光缆合并计入架空线路/电缆线路概算	光缆通信工程单位造价参考指标： （1）立杆架设 ADSS 光缆线路 7 万～9 万元/km。	国家电网电定〔2018〕24 号	

续表

序号	评审内容	评审要点	参考指标	边界条件	备注
1	整体要求	同一输变电工程中，光缆合并计入架空线路/电缆线路概算	（2）架空线路配套 OPGW 光缆线路工程一般在4万元/km内。 （3）配套 ADSS 光缆线路一般在 3 万元/km 内。 （4）光缆金具按 3500 元/km 计列	国家电网电定〔2018〕24 号	
2	取费标准	（1）光缆随同期输电线路建设，取费执行相应电压等级输电线路工程标准。 （2）单独施工的光缆线路工程，取费执行光缆线路工程费率			
3	定额采用	（1）单根避雷线（含 OPGW）架设：区分一般架线、张力架线、单根避雷线（含 OPGW）截面，按单根避雷线的亘长，以“km”为计量单位计算。 （2）OPPC 架设定额执行相应导线截面“导线张力架设”和“OPPC 张力架设增加费”。 （3）OPPC 单盘测量、全程测量分别执行“OPGW 单盘测量”“全程测量”相关定额。 （4）OPPC 接续执行“OPGW 接续”相关定额，人工乘 1.5 系数			
4	进站光缆分界点	OPGW 光缆配套的进站光缆工程量计入站端通信工程。ADSS 光缆配套的进站光缆（由于不换光缆）一般计入光缆通信工程			

续表

序号	评审内容	评审要点	参考指标	边界条件	备注
5	工程量核实	（1）注意光缆安装长度与光缆材料长度区分。 （2）注意盘数量与接头数量对应关系（光缆约4km/盘，接头数比分盘数量少1）。 （3）接续工程量按接头的个数计算，只计算架空部分的连接头，前后两段的光纤进线或出线的架构接线盒至通信机房按照《电力建设工程预算定额（2018年版）第七册　通信工程》执行			
6	建设场地征用及清理费/青苗赔偿费用	光缆合并计入线路概算后，计列光缆独立牵张场的青苗补偿费，不再按照千米数计列青苗赔偿费用（不随新建线路架设的光缆除外）	不随新建线路架设的光缆，青赔费用参考单价：3000元/km		
7	建设场地征用及清理费/牵张场赔偿费	核实牵张场数量，OPGW一般按4km一处，OPPC按3km一处设置	牵张场赔偿费参考单价：110kV按3000元/处，220kV按5000元/处，500kV按8000元/处		
8	其他费用/工程保险费		35～750kV，（建筑工程费＋安装工程费＋设备购置费）×0.08%	省公司财务部签报	
9	其他费用/前期工作费	随线路一同架设的光缆通信线路一般不计列			
10	其他费用/勘察设计费	（1）初步设计阶段按照国家电网电定〔2014〕19号计列。 （2）勘察费不计列		国家电网电定〔2014〕19号	

续表

序号	评审内容	评审要点	参考指标	边界条件	备注
11	其他费用/管理车辆购置费	不计列			
12	其他费用/后评价费	后评价项目清单按《电网工程建设预算编制与计算规定（2018年版）》计列			

四、架空输电线路施工图预算评审要点

序号	评审内容	评审要点	参考指标	边界条件	备注
1	整体造价水平及分析	参照总则要求	概算批复/标准参考价/设计方案		
2	辅助设施工程费	一般不计列；初步设计批复有或初步设计批复部门书面同意增列相关费用的，根据设计方案或图纸，审查相关费用		设计方案、国家电网运检〔2016〕777号	
3	编制年价差	定额价格水平采用定额总站当期人材机调差文件，主要设备材料价格按国家电网有限公司当期信息价，地方性材料价格采用当地当期信息价			
4	基本预备费	执行《电网工程建设预算编制与计算规定（2018年版）》	可行性研究估算2%，初步设计概算1.5%，施工图预算1%		

续表

序号	评审内容	评审要点	参考指标	边界条件	备注
5	建设期贷款利息	按静态投资额×0.5×0.8×贷款实际利率计算。依据国发〔2015〕51号，资本金比例按20%，贷款计算年限1年	建设期贷款利息按收口时间当期的贷款市场报价利率（LPR）计	国发〔2015〕51号	
6	单位工程造价合理性分析	对照参考指标，审查基础工程/杆塔工程/接地工程/架线工程/附件安装工程/辅助工程各单位工程费用，审查占比合理性	费用占比参考指标： 基础工程25%～35%，杆塔工程35%～41%，接地工程2%～4%，架线工程13%～20%，附件安装工程9%～12%，辅助工程1%～2%		
7	取费标准	取费执行《电网工程建设预算编制与计算规定（2018年版）》标准，社保及公积金参照当地政府文件（湖南省社会保障费27.2%和公积金费率12%）			
8	地形	（1）严格按照线路路径图和定额关于地形定义说明审查，必要时现场核实。 （2）区分工程地形和定额地形，结合运输条件综合核定	定额中地形定义（含湖南省内地形分布情况参考）： （1）平地：指地形比较平坦广阔，地面比较干燥的地带（主要分布在城市及郊区较为干旱的田地菜地）。 （2）丘陵：指陆地上起伏和缓、连绵不断的矮岗、土丘，水平距离1km以内地形起伏在50m以下的地带（湖南省内分布较广，各地区均有）。	1:50000路径图或1:10000路径图	

续表

序号	评审内容	评审要点	参考指标	边界条件	备注
8	地形	（1）严格按照线路路径图和定额关于地形定义说明审查，必要时现场核实。 （2）区分工程地形和定额地形，结合运输条件综合核定	（3）山地：指一般山岭或沟谷等，水平距离250m以内，地形起伏在50～150m的地带（主要分布在怀化、湘西、张家界等地形较复杂的地区）。 （4）高山：指人力、牲畜攀登困难，水平距离250m以内，地形起伏在150～250m的地带（主要分布在怀化、湘西、张家界等地形较复杂的地区）。 （5）峻岭：指地势十分险峻，水平距离250m以内，地形起伏在250m以上的地带（湖南省内分布较少）。 （6）泥沼：指经常积水的田地及泥水淤积的地带（主要分布在农村水田种植区域）。 （7）河网：指河流频繁，河道纵横交叉成网，影响正常陆上交通的地带（主要分布在湘资沅澧等流域及洞庭湖周边）	1:50000路径图或1:10000路径图	
9	地质	严格按照地质勘察报告和定额地质定义说明审查，必要时现场核定	定额中地质定义（含湖南省内地质分布情况参考）： （1）普土：指种植土、黏砂土、黄土和盐碱土等，主要用	地质勘察报告	

续表

序号	评审内容	评审要点	参考指标	边界条件	备注
9	地质	严格按照地质勘察报告和定额地质定义说明审查，必要时现场核定	锹、铲、锄头挖掘，少许用镐翻松后即能挖掘的土质（长株潭地区等农田区普土比例较高，水田地区 30%～50%的普土）。 （2）坚土：指土质坚硬难挖的红土、板状黏土、重块土、高岭土，必须用铁镐、条锄挖松，部分须用撬棍，再用锹、铲挖出的土质（长株潭丘陵地形，湖南省岳阳市等靠近江西，常德市等靠近湖北区域大部分岗地分布红色网纹土，均属于坚土）。 （3）泥水：指坑的周围经常积水，坑的土质疏松，如淤泥和沼泽地等，挖掘时因水渗入和浸润而成泥浆，容易坍塌，需用挡土板和适量排水才能挖掘的土质（岳阳、常德、益阳等农田区及洞庭湖区泥水比例较高）。 （4）松砂石：指碎石、卵石和土的混合体，各种不坚实砾岩、叶岩、风化岩，节理和裂缝较多的岩石等（不需要用爆	地质勘察报告	

续表

序号	评审内容	评审要点	参考指标	边界条件	备注
9	地质	严格按照地质勘察报告和定额地质定义说明审查，必要时现场核定	破方法开采的)，需要镐、撬棍、大锤、楔子等工具配合才能挖掘的土质（衡阳、邵阳、娄底、郴州等丘陵地形，常德、益阳等靠近湘西北地区松砂石比例较高）。 （5）流沙：指土质为砂质或分层砂质，挖掘过程中砂层有上涌现象并容易坍塌的土质，挖掘时需排水和采用挡土板或采取井点设备降水才能挖掘的土质（湘资沅澧等流域及洞庭湖周边存在流沙）。 （6）岩石：指不能用一般挖掘工具进行开挖的各类岩石，必须采用打眼、爆破或部分用风镐打凿才能挖掘的土质（张家界、湘西、怀化、永州等山地地形，部分地区岩石裸露，岩石比例高）。 （7）尖峰、接地等挖深不大的土石方工程量中一般不会出现岩石地质	地质勘察报告	

续表

序号	评审内容	评审要点	参考指标	边界条件	备注
10	线路特征	核定单回路或多回路、几回挂线、改造、更换导地线及调整间隔		设计说明书、杆塔明细表	
11	导地线型号	核定不同回路、不同特征段导地线型号		设计说明书、杆塔明细表	
12	工地运输	（1）根据路径图审查人力运距计算是否合理，必要时现场核定。 （2）根据路径图审查汽车运距计算是否合理，必要时现场核定。材料站设置应尽量临近线路中间位置。 （3）采用张力架线，线材不计人力运输。 （4）钢管杆、电缆一般不计人力运输。 （5）砂、石等一般采用地方信息价，只计算人力运输，不计汽车运输；水运输一般不计。 （6）余土外运一般不考虑。但是城区或其他不宜堆放弃土或环保水保要求的地方，均应按设计方案，据实考虑余土外运费用。设计明确余土外运工程量并落实余土堆放场地，采用架空线路运输定额计算，消纳费用按地方价格另行计算	（1）人力运距参考上限值：平地 300m，丘陵 500m，山地 800m，高山 1000m，峻岭 1200m，河网、泥沼、沙漠 600m（风电送出工程出线段等无人区运输除外）。 （2）汽车运输距离一般按线路长度一半考虑（低于 5km 的线路可按 5km 考虑）。 （3）汽车平均运输距离不足 1km 者按 1km 计。 （4）实施机械化施工段，原则上材料按汽运到桩位考虑，不计人力运输。 （5）仅基础施工采用机械化施工的，基础部分不计人运，杆塔、附件工程综合考量基础施工道路修筑对运输条件的改善，该部分暂常规方案 80%计算人力运输	（1）1:50000 路径图或 1:10000 路径图。 （2）机械化施工专题方案	

续表

序号	评审内容	评审要点	参考指标	边界条件	备注
13	基础工程	土石方工程量： （1）按照定额说明中土石方计算规则计算工程量。 （2）地质类型及比例等情况严格按地勘报告。 （3）挖孔基础土石方如按基础混凝土量（含护壁）计算的，需扣除立柱混凝土量	采用电建钻机在岩石地质情况下，挖孔基础机械挖方＝机械挖松砂石定额×调整系数×新机械增加系数。 （1）调整系数计算原则： 1）岩石属于弱风化较软岩、未风化泥岩、强风化的坚硬岩、弱风化的较坚硬岩，调整系数＝同孔径深 20m 以内灌注桩推钻岩石/深 20m 以内灌注桩推钻砂砾石。 2）岩石属于未风化～弱风化的凝灰岩、千枚岩、砂质泥岩、泥灰岩、泥质砂岩、粉砂岩、页岩等，以及弱风化的坚硬岩、未风化～微风化的熔结凝灰岩、大理岩、板岩、白云岩、石灰岩、钙质胶结的砂岩等，调整系数＝同孔径深 30m 以内灌注桩推钻岩石/深 20m 以内灌注桩推钻砂砾石。 （2）新机械增加系数：暂定1.1	地勘报告、基础配置表、基础施工图及机械化施工专题方案	

续表

序号	评审内容	评审要点	参考指标	边界条件	备注
13	基础工程	混凝土工程量： （1）核实基础数量、型号、参数。基础数量按基础配置表数量，基础参数按基础施工图详图。 （2）人工挖孔桩现浇护壁按设计图纸工程量，考虑充盈量套用有筋护壁或无筋护壁定额。 （3）采用声波检测法的基础可单独计列声测管材料费	（1）地脚螺栓采用省公司集中招标，按最新国家电网有限公司信息价中三种典型材质铁塔价格的平均值下浮 800 元/t 后参与取费。特殊高强材质地螺在设计阶段根据设计方案调整。 （2）声测管材料费约 25 元/m	基础配置表、基础施工图	
		（1）各类土、石质按设计地质资料确定，除挖孔基础和灌注桩基础外，不做分层计算。同一坑、槽、沟内出现两种或两种以上不同土、石质时，则一般选用含量较大的一种土、石质确定其类型。出现流砂（或水坑）时，不论其上层土质占多少，全坑均按流砂坑（或水坑）计算。 （2）人力开凿岩石是指受现场地形或客观条件限制，设计要求不能采用爆破施工者。 （3）根据现场及图纸，合理考虑基面土石方。 （4）钢筋损耗区分型钢（成品、半成品）损耗率 0.5%及（加工制作）损耗率 6%；综合损耗为［（1＋0.5%）×（1＋6%）－1］＝6.53%。 （5）挖孔桩基础钢筋制作安装为钢筋笼，现浇基础为一般钢筋。 （6）灌注桩基础定额中，不包含基础防沉台、承台和框梁的浇制工作，如有另套用“现浇基础”定额。	采用机械化施工基础，商品混凝土的价格按当地信息价计列，另考虑运距 100m 以外的泵送费（含安拆）。以一笔性费用计列。 （1）平地地形暂按 20 元/m^3。 （2）丘陵地形暂按 40 元/m^3。 （3）山地地形暂按 64 元/m^3	机械化施工专题方案	

续表

序号	评审内容	评审要点	参考指标	边界条件	备注
13	基础工程	（7）挖孔基础坑深 5m 以上混凝土浇制套用桩基础浇灌定额。 （8）区分核实基础垫层尺寸及不同材料类型，如铺石、铺石灌浆、铺石加浇混凝土、灰土垫层等。 （9）钻孔灌注桩成孔、岩石锚杆基础成孔按设计图纸、地勘报告计算相应工程量	采用机械化施工基础，商品混凝土的价格按当地信息价计列，另考虑运距 100m 以外的泵送费（含安拆）。以一笔性费用计列。 （1）平地地形暂按 20 元/m^3。 （2）丘陵地形暂按 40 元/m^3。 （3）山地地形暂按 64 元/m^3	机械化施工专题方案	
14	接地工程	工程量核实： （1）核实接地装置数量、型号。 （2）如采用特殊接地形式，需核实设计说明书及设计图纸。 （3）核实接地土石方。注意不同土质时的槽宽和槽深	设计图中一般接地装置尺寸： 接地槽宽：0.4m。 接地槽深：土类和松砂石地质为 0.6m，泥水地质为 0.8m，岩石 0.3m	杆塔明细表、接地装置一览图	
		（1）防盗角钢不能套用接地极安装定额。 （2）混凝土杆采用明导通接地，才套取混凝土杆高空接地引下线。铁塔接地不能套用此定额。 （3）核实接地模块或者石墨等特殊降阻材料的用量（按基础配置表及施工详图图纸计算）	参考市场价：接地模块按 180 元/块，石墨按 70 元/m 计列		
15	杆塔工程	工程量核实： （1）核实杆塔数量、型号、全高、根开（按杆塔明细表数量和杆塔组装图）。	平均单基质量参考指标（吨）： （1）35kV 线路：单回直线塔 2～5t，双回直线塔 3～7t，单回耐张塔 5～11t，双回耐张塔 7～13t。	杆塔组装图、杆塔明细表	

续表

序号	评审内容	评审要点	参考指标	边界条件	备注
15	杆塔工程	（2）一般工程铁塔质量范围可参考平均单基质量参考指标，如遇大跨越、超重覆冰区及多回路钢管塔除外	（2）110kV 线路：单回直线塔 4～8t，双回直线塔 6～13t，单回耐张塔 7～15t，双回耐张塔 10～17t。 （3）220kV 线路：单回直线塔 7～12t，双回直线塔 10～17t，单回耐张塔 12～21t，双回耐张塔 17～28t。 （4）500kV 线路：单回直线塔 9～15t，双回直线塔 11～20t，单回耐张塔 15～27t，双回耐张塔 20～35t	杆塔组装图、杆塔明细表	
		（1）注意采用杆塔直线、耐张特征，注意采用铁塔高度是指铁塔全高。 （2）杆塔三牌执行湘电基建〔2010〕333 号，只计取安装费，材料费用不另计（生产准备费开支），老线路更换三牌的材料费列入其他费用的生产准备费	老线路更换三牌的材料费列入其他费用的生产准备费，单回路 150/基，双回路 400/基		
16	架线工程	工程量核实： （1）核实导地线型号、路径长度、单回路或多回路、几回挂线、改造、更换导地线及调整间隔。 （2）核实牵张场数量，应按设计规定计算	（1）牵张场赔偿费用计入建设场地征用及清理费/施工场地租用费。 （2）设计文件未明确时，牵张场数量按以下标准参考计算：500kV 按 6km 一处设置，220kV 按 5km 一处设置，110kV 及以下按 4km 一处设置	设计说明书、杆塔明细表	

续表

序号	评审内容	评审要点	参考指标	边界条件	备注
16	架线工程	（1）导线按线路亘长 km/三相计算。避雷线单根按线路亘长 km 计算。 （2）导线张力放线注意引绳展放定额使用，人工（飞行器）引绳展放按路径亘长乘以回路数（分裂导线不乘系数，多回路乘系数）。 （3）避雷线、OPGW 单独架设或更换时，应考虑单根线跨越架设。 （4）避雷线采用张力放线或 OPGW 单独架设或更换时，应考虑人工（飞行器）引绳展放。 （5）飞行器展放按定额说明可考虑飞行器虑租赁费，按市场价计取。 （6）铝包钢绞线定义为良导体，不是钢绞线。 （7）带电跨越电力线，核实电力线电压等级，单双回等。 （8）跨越高速公路与一般公路，核实车道数量，套用超宽系数。 （9）跨越新增穿越电力线定额，按被穿越线路电压等级，执行“跨越电力线”定额乘 0.75 系数。 （10）避雷线架线定额均已包括除防振锤外的附件安装工作。 （11）剖接、改接、T 接及调换间隔等涉及调整弧垂工程量核实。剖接、改接、T 接及调换间隔等涉及调整弧垂工程量，一般按架线定额系数乘 0.5 计算	（1）跨越架设不包括被跨越物产权部门提出的咨询、监护、路基占用等费用，发生时按政府或有关部门的规定另计。 （2）跨越铁路未考虑夜间施工增加费，发生时，按施工组织设计另计。 （3）飞行器租赁费暂按220kV及以上架空线路工程 3000 元/km，110kV 架空线路工程 2000 元/km	设计说明书、材料清册、杆塔明细表	

续表

序号	评审内容	评审要点	参考指标	边界条件	备注
17	附件工程	工程量核实： （1）核实悬垂、耐张、跳线绝缘子片数及型号与杆塔明细表一致。 （2）悬垂绝缘子串数量与新建直线杆塔数量相匹配。包括利旧杆塔更换或挂线金具。 （3）耐张绝缘子串数量与新建耐张杆塔数量相匹配。包括利旧杆塔更换或挂线金具。 （4）跳线绝缘子串数量与新建耐张杆塔数量相匹配。包括利旧杆塔更换或挂线金具。 （5）核实防振锤数量。 （6）核实间隔棒数量。 （7）核实均压环、屏蔽环数量（一般 500kV 及以上才配置）	（1）悬垂绝缘子串数量：一般（折）单回路每基 3 相（串）。 （2）耐张绝缘子串数量：一般（折）单回路每基 6 组（串）。龙门架单回路耐张串每处 3 组（串）。 （3）跳线绝缘子串数量：一般（折）单回路每基 3 组（串）。 （4）防振锤数量：平均 6～12 个/基（大小号侧）×分裂数。 （5）间隔棒数量：双分裂（水平布置）及以上，平均 40～80m 安装 1 个。 （6）均压环、屏蔽环数量：单回路 3 相/基，双回路 6 相/基	杆塔明细表、金具施工图	
		（1）附件工程同塔非同时架设多回，在架设下一回时相应定额人工、机械乘 1.1 系数。 （2）跳线绝缘子串悬挂工作套用“绝缘子串悬挂”的相应定额，跳线线夹安装工作套用“导线悬垂线夹安装”的相应定额。 （3）地线的金具绝缘子串安装工作包含在架线工程中			

续表

序号	评审内容	评审要点	参考指标	边界条件	备注
18	辅助工程	（1）核实输电线路试运行回路数。35kV 线路不计线路试运行。剖接工程，剖开后一般按 2 条线路考虑。线路超 50km 按定额说明调整系数为：剖接、改接形成新线路路径长度超过 50km，每增加 50km 输电线路试运定额系数增加 0.2；T 接线路输电线路试运定额增加系数 0.5。 （2）尖锋、施工基面土石方、护坡、挡土墙及排洪沟一般只在丘陵、山地、高山及峻岭地形才考虑。 （3）路床整形指平均厚度 30cm 以内的人工挖高填低、平整找平。平均厚度 30cm 以上时，另行套用土石方工程定额。施工道路的拆除清理未予考虑，需要时，按相应定额的人工、机械乘以 0.7 的系数。机械化施工段丘陵、山地地形施工道路主要以路床整形、拓宽和少量碎石铺筑为主，路宽按不超过 3m 考虑。个别路段需加固处理的，执行审定的机械化施工方案。 （4）机械化施工段水田、泥沼地形一般采用铺设路基箱的方式，离路边 30m 以及离塔 30m 采取横铺，其余采取竖铺。仅基础采用机械化施工时，租赁时间暂按 10 天计列。路基箱租赁单价暂按 11 元/（天·t）（含税）计列，安拆移动费和进（出）场费依据暂按 150 元/t 计列。 （5）浆砌护坡和挡土墙砌筑中的砂浆用量，应按设计规定计算，如设计未规定时，砂浆用量按挡土墙或护坡体积的 20%计算。	（1）110kV 及以上线路避雷器一般为 2 台/组。单回线路安装在两边相，同塔双回线路（鼓型排列）安装在上、中相，位于边坡的杆塔安装于下山坡侧的边相。 （2）参考价格：分布式故障诊断装置 18 万元/套，图像在线监测装置 0.7 万元/套，视频在线监测装置 4 万元/套）	设计说明书、基础配置表、材料清册 机械化施工专题方案	

续表

序号	评审内容	评审要点	参考指标	边界条件	备注
18	辅助工程	（6）线路避雷器的安装按单相计算，包括单体调试。 （7）线路“三跨”相关装置费用（分布式故障诊断装置、图像在线监测装置、视频在线监测装置），套用相应监测装置安装调测定额。 （8）耐张线夹 X 射线探伤，按设计数量，以“基”为单位	（3）常用路基箱尺寸为 5.5m×1.3m×0.14m，单重约 1.5t/块。 （4）机械化施工道路修筑（含路基箱铺设）长度原则上不超过 300m	设计说明书、基础配置表、材料清册 机械化施工专题方案	
19	拆除费用	（1）余物清理费＝取费基数×费率，包括拆除、清理，以及 5km 以内的运输和装卸费。超过 5km 时，可计列汽车运输费。运输费用参照设备运输费，按拆除原值乘以运杂费费率。拆除电杆、非标件、铁塔、导地线可计人力运输费。 （2）拆除段为一般跨越、带电跨越及跨越高速公路、普铁、高铁、通航河流等相关费用应予考虑；按设计方案，费用标准可参照新建工程。 （3）拆除青苗补偿费用按实际数量和工程所在地人民政府规定的赔偿标准计列			
20	主要材料及设备价格	（1）预算价采用《电力建设工程装置性材料预算价格（2018 年版）》。 （2）主材市场价严格执行当期国家电网有限公司定额站信息价。对于信息价中没有的设备材料，采用近期招标价或者市场询价。询价需提供不少于三个厂家询价单，采用相对较低值。 （3）水泥、砂、石、钢筋等地材严格执行当地当期信息价			

续表

序号	评审内容	评审要点	参考指标	边界条件	备注
21	建设场地征用及清理费/征地费用	（1）核实塔基占地面积、临时占地面积等，宜采用湘电建定〔2016〕1号中各地区不办证单价。 （2）对于实际情况超湘电建定〔2016〕1号标准的，需另提供有效依据文件（如政府新颁发的赔偿标准和前一年度竣工结算的实际结算数据）。 （3）有框架协议的地区，费用计算仍按评审手册计算规则，但是整体费用水平不低于框架协议	（1）计列公式：塔基永久占地面积×占地单价＋临时占地面积×占地单价×0.15。 （2）总占地（永久占地＋临时占地）面积参考用量指标：35kV线路0.2亩/基，110kV线路0.6亩/基，220kV线路0.8亩/基，500kV线路1.1亩/基	湘电建定〔2016〕1号	
22	建设场地征用及清理费/青苗赔偿费用	（1）核实各线路段实际植被覆盖种类和比例，设计须出具青苗覆盖情况统计表。 （2）对于实际情况超湘电建定〔2016〕1号标准的，需另提供有效依据文件（如政府新颁发的赔偿标准和前一年度竣工结算的实际结算数据）。 （3）有框架协议的地区，费用计算仍按评审手册计算规则，但是整体费用水平不低于框架协议	（1）一般计列公式： （35kV线路长度×0.8×3/667＋基数×0.5）×青苗赔偿综合单价； （110kV线路长度×0.8×4/667＋基数×0.65）×青苗赔偿综合单价； （220kV线路长度×0.8×5/667＋基数×0.75）×青苗赔偿综合单价； （500kV线路长度×0.8×6/667＋基数×1.12）×青苗赔偿综合单价。 其中，青苗赔偿综合单价依据实际植被覆盖比例，按照湘电建定〔2016〕1号中青赔单价加权平均所得。	湘电建定〔2016〕1号	

续表

序号	评审内容	评审要点	参考指标	边界条件	备注
22	建设场地征用及清理费/青苗赔偿费用	（1）核实各线路段实际植被覆盖种类和比例，设计须出具青苗覆盖情况统计表。 （2）对于实际情况超湘电建定〔2016〕1号标准的，需另提供有效依据文件（如政府新颁发的赔偿标准和前一年度竣工结算的实际结算数据）。 （3）有框架协议的地区，费用计算仍按评审手册计算规则，但是整体费用水平不低于框架协议	（2）机械化施工修路、铺路基箱可增加相应青苗赔偿＝修路长度×3m/667×青苗赔偿综合单价。其中，青苗赔偿综合单价依据实际植被覆盖比例，按照当地政府青苗赔偿相关文件计列。 （3）青赔费用参考单千米指标：35kV 线路，1.8 万～2.2 万元/km；110kV 线路，2.4 万～3 万元/km；220kV 线路，2.5 万～4 万元/km；500kV 线路，4 万～5 万元/km	湘电建定〔2016〕1号	
23	建设场地征用及清理费/植被恢复费用	泥沼、河网地形不计列该项费用，其余地形计列	一般计列公式： （1）一般林地，按照塔基永久占地面积×2×10 元/m^2×林地系数。 （2）国家和省级公益林林地、城市规划区林地等参照文件标准，按实计取费用。 （3）机械化施工植被恢复费。平地、泥沼地形不计植被恢复费用，其余地形计列，植被恢复费＝修路长度×3m×10 元/m^2。国家和省级公益林林地、城市规划区林地、生态区、保护区等另行参照湘财综〔2018〕44号的标准，按实计取费用		

续表

序号	评审内容	评审要点	参考指标	边界条件	备注
24	建设场地征用及清理费/施工场地租用费	按设计规定计算，设计未明确的导线牵张场，一般 500kV 按 6km 一处设置；220kV 按 5km 一处设置；110kV 及以下按 4km 一处设置。OPGW 牵张场一般按 4km 一处设置	（1）牵张场赔偿费用参考：110kV 按 3000 元/处，220kV 按 5000 元/处，500kV 按 8000 元/处。 （2）机械化施工现场复绿费用＝（临时用地面积＋修路长度×3m）×20 元/m^2（临时用地面积参照 2 倍塔基永久占地面积计列），列入施工场地租用费		
25	建设场地征用及清理费/房屋拆迁费用	（1）房屋拆迁费用原则上依据省市级政府文件的标准计列，对于实际情况超文件标准的，需另提供有效依据文件（如前一年度竣工结算的实际结算数据）。 （2）设计核实拆房面积，设计须出具拆房面积一览表		相关省市级政府文件、拆房面积一览表	
26	建设场地征用及清理费/线路迁改费用	据设计具体方案，按照对应电压等级编制费用预算附件		线路迁改详细方案说明	
27	建设场地征用及清理费/迁坟费用	核实迁坟实际情况，费用依据省市级政府文件的标准计列			

续表

序号	评审内容	评审要点	参考指标	边界条件	备注
28	建设场地征用及清理费/跨越补偿费	（1）根据施工方案以及与被跨越物产权部门签订的合同或协议计算。 （2）设计提供的具体跨越措施方案，计列跨越相关费用	跨越费用参考： （1）跨越高铁相关费用：500kV 线路按 116 万元/处咨询手续费＋100 万元/处跨越措施补助费计列；220kV 线路按 116 万元/处咨询手续费＋80 万元/处跨越措施补助费计列；110kV 及以下线路按 116 万元/处咨询手续费＋50 万元跨越措施补助费计列。 （2）跨越电气化铁路相关费用：500kV 线路按 116 万元/处咨询手续费＋40 万/处跨越措施补助费计列；220kV 线路按 116 万元/处咨询手续费＋30 万元/处跨越措施补助费计列；110kV 及以下线路按 116 万元/处咨询手续费＋20 万跨越措施补助费计列。 （3）跨越一般铁路相关费用：10 万元/处。 （4）跨高速公路相关费用：20 万元/处（包括且不限于行政许可、施工许可、措施补助费等费用）。 （5）跨 6 车道以上公路、国道相关费用：2.5 万元/处。	国家电网运检〔2016〕777 号、《国网湖南电力建设部关于电网工程建设跨越高铁高速公路相关问题的会议纪要》、跨越措施方案	

续表

序号	评审内容	评审要点	参考指标	边界条件	备注
28	建设场地征用及清理费/跨越补偿费	（1）根据施工方案以及与被跨越物产权部门签订的合同或协议计算。 （2）设计提供的具体跨越措施方案，计列跨越相关费用	（6）跨通航河流（如需开展通航评估，评估费用另计入前期工作费）：一般2.5万元/处，主航道2.5万～10万元/处。 （7）跨房屋：新建线路2.5万元/处；原路径改造线路1.5万元/处。 （8）施工跨越许可手续费执行2019年5月14日《国网湖南电力建设部关于输变电工程建设办理跨越铁路、高速公路许可手续费用的会议纪要》相关要求。 （9）35kV线路原则上不允许跨越鱼塘，其余电压等级跨越鱼塘赔偿费按5000元/处计列	国家电网运检〔2016〕777号、《国网湖南电力建设部关于电网工程建设跨越高铁高速公路相关问题的会议纪要》、跨越措施方案	
29	建设场地征用及清理费/其他	（1）临锚费用按照设计方案，计算费用明细。 （2）钻孔灌注桩施工措施及补偿费指本施工道路、余土、泥浆运输及处理。 （3）如工程需加装防坠落装置，一般塔全高超过80m时进行加装，按双侧加装考虑，按单回路塔每基按防坠落装置120m考虑。 （4）防鸟刺费用按照设计方案计列。	（1）钻孔灌注桩基础定额已包含泥浆池修建及拆除。 （2）防坠落装置费用参考：双回路塔每基按150m考虑，120元/m（含安装及材料）。 （3）航空障碍灯费用参考：5500元/套（四个灯头为一套），费用计入辅助设施费用。	水利部门文件、相关合同	

续表

序号	评审内容	评审要点	参考指标	边界条件	备注
29	建设场地征用及清理费/其他	（5）航空障碍灯费用，一般机场附近要求安装，设计确认必要性	（4）灌注桩施工措施补助费参考：110kV 按 30000 元/基，220kV 按 30000 元/基，500kV 按 30000 元/基	水利部门文件、相关合同	
30	建设场地征用及清理费/输电线路走廊清理费	走廊内非征用和租用土地上的建筑物、构筑物、林木、经济作物等进行清理、赔偿所发生的费用	城市道路挖掘和破路费、绿化赔偿费可列入此处	相关市政赔偿文件、路面修复情况统计	
31	建设场地征用及清理费/水土保持补偿费	按合同或按湘电建定〔2020〕1 号			
32	其他费用/监理费、前期工作费、勘察设计费、评审费、爆破服务费等	按合同或批复概算金额计列	爆破服务费按照工程所在地行政主管部门相关规定执行。未提供相关依据的，暂估列 2.5 万元/县		
33	其他费用/桩基检测费	除桩基检测费单独计列外，湘电公司建设〔2019〕131 号中的其余线路第三方检测费用均在项目法人管理费中开列，不再单独计列	（1）小应变 100%检测；大应变按照 5%的桩总数做，不少于 5 个。 （2）按小应变 300 元/根，大应变 5000 元/根计列	湘质安协字〔2016〕19 号	

续表

序号	评审内容	评审要点	参考指标	边界条件	备注
34	其他费用/管理车辆购置费	不计列			
35	其他费用/后评价费	根据后评价项目清单按《电网工程建设预算编制与计算规定（2018年版）》计列			
36	光缆取费标准	（1）光缆随同期输电线路建设，取费执行相应电压等级输电线路工程标准。 （2）单独施工的光缆线路工程，取费执行光缆线路工程费率			
37	OPGW定额采用	OPGW 光缆套用《电力建设工程预算定额（2018 年版）第四册　架空输电线路工程》，非《电力建设工程预算定额（2018年版）第七册　通信工程》			
38	进站光缆分界点	OPGW 光缆配套的进站光缆工程量计入站端通信工程。ADSS 光缆配套的进站光缆（由于不换光缆）一般计入光缆通信工程。光缆进站端接续计入站端通信工程			

续表

序号	评审内容	评审要点	参考指标	边界条件	备注
39	工程量	（1）按设计文件分盘。 （2）接续工程量按接头的个数计算，只计算架空部分的连接头，前后两段的光纤进线或出线的架构接线盒至通信机房按照《电力建设工程预算定额（2018 年版）第七册　通信工程》执行。计入站端通信工程。 （3）接续定额是一般按双窗口测试条件考虑。 （4）全程测量定额按 100km 考虑，超过时按定额说明调整			
40	建设场地征用及清理费/青苗赔偿费用	线路配套光缆工程青苗赔偿费和牵张场赔偿费计列	青赔费用参考单价：不超过 3000 元/km		
41	建设场地征用及清理费/牵张场赔偿费	核实牵张场数量，一般按 3～4km 一处设置	牵张场赔偿费参考单价：110kV 按 3000 元/处，220kV 按 5000 元/处，500kV 按 8000 元/处		
42	其他费用/跨越费用	（1）架空线路配套通信光缆工程不再重复计列跨越措施费用。 （2）涉及改造老线路光缆 OPGW 跨越高铁等，首先应确认跨越必要性（能否有穿越方案），如必须跨越措施费暂按线路工程费用的 1/5 计列			

五、电缆输电线路施工图预算评审要点

序号	评审内容	评审要点	参考指标	边界条件	备注
1	整体造价水平及分析	参照总则要求	概算批复/标准参考价/设计方案		
2	电缆土建工程	（1）按施工详图核实电缆敷设沟槽、井开挖土石方（定额规定计算方法）、核实破路面面积（排管操作裕度 0.5m，工井 0.8m）。 （2）核实支撑搭拆数量，井与沟的计算规则不同（工井按外沿周长。沟槽按路径单侧长度，扣除工井部分）。 （3）砖砌、现浇工井按图纸实砌或现浇体积计算。定额中砖、砂、防水粉、水等未计价材料量按设计用量计列。 （4）开启井套用直线工井定额。三通工井、四通工井及其他异型工井在计取直线工井浇制定额的同时另计凸口，凸口处扣除直线工井井壁上的凸口孔洞的混凝土量。核实凸口数量，一般三通井有 1 个凸口，四通井有 2 个凸口。 （5）注意排管浇制混凝土量＝排管体积－内衬管体积（排管净长不含工井部分）。 （6）排管浇制定额不包括内衬管安装，不包括内衬管材料；需要另外套用定额和计列材料。		设计说明书及相关土建图纸	

续表

序号	评审内容	评审要点	参考指标	边界条件	备注
2	电缆土建工程	（7）排管浇制，垫层不含在排管混凝土浇制中。 （8）顶管按设计长度，套用相应定额计算（顶管定额已综合考虑工作井开挖），管材为未计价材料，不能采用一笔性费用单价计列。 （9）拉管按设计长度（含弧度），套用相应定额计算（拉管定额已综合考虑物探、工作坑），管材为未计价材料，不能采用一笔性费用单价计列。 （10）揭、盖电缆沟盖板，揭和盖算一次。单揭或单盖，定额系数按 0.6。 （11）电缆终端杆围栏依据设计工程量计列，单价参照市场价格。 （12）按设计方案考虑余土处理，并根据相关要求计列相关费用。设计明确余土外运工程量并落实余土堆放场地，采用架空线路运输定额计算，消纳费用按地方价格另行计算。 （13）电缆线路工程中，凡与市政公用的沟、井、隧道和保护管工程均划归市政工程范畴，不列入电缆线路的建筑工程费		设计说明书及相关土建图纸	
3	电缆安装工程	（1）电缆敷设按截面以 m/三相计，长度为设计材料长度（包括波形敷设、接头、两端裕度及损耗等）。 （2）电缆敷设定额已综合考虑固定绳包扎、固定金具安装、测温电缆敷设等工作。但标识带、固定绳是未计价材料。 （3）电缆接头按截面以套/三相计。		材料清册	

续表

序号	评审内容	评审要点	参考指标	边界条件	备注
3	电缆安装工程	（4）接地箱安装不包括接地电缆、同轴电缆敷设，另套用安装定额。 （5）临时支架搭、拆可用于沟道、隧道、夹层、终端塔平台等脚手架搭拆。 （6）电缆试验增加局部放电实验，按接头个数计算。 （7）电缆交流耐压实验，110kV 电缆主绝缘耐压试验套用 220kV 电缆主绝缘耐压试验定额乘 0.7 系数，在同一地点做两回路及以上实验时，从第二回按 60%计算		材料清册	
4	主要材料及设备价格	（1）电缆线路工程中，避雷器属于设备。35kV 及以上电缆、电缆头属于设备性材料，计入设备购置费。 （2）主材市场价严格执行当期国家电网有限公司定额站信息价。对于信息价中没有的设备材料，采用近期招标价或者市场询价。询价需提供不少于三个厂家询价单，采用相对较低值。 （3）水泥、砂、石、钢筋等地材执行当地当期信息价			
5	建设场地征用及清理费/征地费用	按湘电建定〔2016〕1 号执行	根据实际情况，考虑沟、井永久征占地及补偿		

续表

序号	评审内容	评审要点	参考指标	边界条件	备注
6	建设场地征用及清理费/青苗赔偿费用	按湘电建定〔2016〕1号执行			
7	建设场地征用及清理费/场地租用费用	（1）施工临时占道费，参湘发改价费〔2017〕564号，2元/日×平方米。或按市州有明确标准的，按市州标准计列。 （2）交通疏导工作费：施工开挖城市道路，交警部门指定专业公司制定疏导方案，设置警示牌、临时信号灯等。城市重要道路、国道、省道等需要办理正式手续的路口，按8万元/处（路口）计列，其他路口按3万元/处（路口）计列。 （3）城市围挡补助费，因政府部门要求全方位围挡、绿网敷设，标准高于安全文明施工费用标准的，按政府相关文件，当围挡费用高于安全文明施工费20%时，扣除安全文明施工费中的围挡费用，超出部分按设计工程量计列			
8	建设场地征用及清理费/输电线路走廊清理费	（1）破路面及路面恢复费用：参照湘发改价费〔2015〕1119号，或按市州有明确标准的，按市州标准计列。 （2）苗木移栽、绿化恢复费用：设计明确苗木移栽、绿化恢复工程量，按市政绿化或地方园林苗木相关计价文件计列费用。 （3）电缆旧通道、电缆井检测及清理费：电缆敷设定额已包含沟槽清理、管道疏通，原则上不另行计算	（1）走廊内非征用和租用土地上的建筑物、构筑物、林木、经济作物等进行清理、赔偿所发生的费用。 （2）城市道路挖掘和破路费、绿化赔偿费可计入此项费用。 （3）管道疏通测算价格大约10元/m管		

续表

序号	评审内容	评审要点	参考指标	边界条件	备注
9	建设场地征用及清理费/输电线路跨越补偿费	（1）通过涵洞或高架桥下方低穿铁路手续费按5万元/处计列。 （2）顶管或拉管低穿铁路手续费按30万元/处计列。 （3）顶管或拉管低穿高速公路手续费按2万元/处计列			
10	其他费用/监理费、前期工作费、勘察设计费、评审费、爆破服务费等	（1）按合同或批复概算金额计列。 （2）停电过渡费用。电缆停电过渡或其他特殊方案按审定设计方案，据实计算费用	10kV 电缆过渡参考价 3.5 万元/处		

六、架空输电线路机械化施工评审要点

序号	评审内容	评审要点	参考指标	边界条件	备注
1	总体原则	（1）公司投资的、符合技术要求的 110～500kV 架空输电线路工程全面实施机械化施工。35kV 架空输电线路工程仅当基础采用深基坑设计方案时实施机械化施工。 （2）根据 Q/GDW 11598—2016《架空输电线路机械化施工技术导则》等规定，按照审定的架空输电线路工程机械化施工专项设计方案（以下简称专项方案），计列机械化施工及机械进退场必要的道路修筑和相关补偿等费用。		审定的机械化施工专项设计方案	

续表

<table>
<tr><th>序号</th><th>评审内容</th><th>评审要点</th><th>参考指标</th><th>边界条件</th><th>备注</th></tr>
<tr><td>1</td><td>总体原则</td><td>（3）实施机械化施工的架空输电线路工程，应进行机械化施工方案与常规方案的技术经济指标对比分析，充分论证专项方案的可行性，合理确定工程造价</td><td></td><td>审定的机械化施工专项设计方案</td><td></td></tr>
<tr><td>2</td><td>工地运输</td><td>（1）实施机械化施工的架空输电线路工程，原则上材料按汽运到桩位考虑，不计人力运输。
（2）仅基础工程采用机械化施工的架空输电线路工程，基础部分不计人力运输，杆塔、附件工程综合考量基础施工道路修筑对运输条件的改善，该部分暂按常规方案下浮20%计算人力运输</td><td></td><td></td><td></td></tr>
<tr><td>3</td><td>基础工程</td><td>（1）挖孔桩基础。在非岩石地质情况下，采用新型旋挖钻机进行基础开挖，执行《电力建设工程预算定额（2018年版）第四册　架空输电线路工程》第2章机械挖方定额，基础浇筑执行第3章现浇基础定额；岩石地质情况下，采用新型旋挖钻机进行基础开挖，挖孔基础机械开挖岩石定额调整＝机械挖松砂石定额×调整系数×难度增加系数。
（2）灌注桩基础。执行《电力建设工程预算定额（2018年版）第四册　架空输电线路工程》第3章相应定额。基础充盈量按设计规定计算。如设计无规定时，一般地质情况下，钻孔灌注桩基础充盈量按设计量的17%计算；流沙地质情况下，钻孔灌注桩基础充盈量可根据专项方案调整，原则上不超过设计量的50%计算。</td><td>（1）挖孔桩基础。调整系数计算原则，根据GB 50021—2001《岩土工程勘察规范（2009年版）》中的岩石分类计列：
1）岩石属于弱风化较软岩、未风化泥岩、强风化的坚硬岩、弱风化的较坚硬岩，调整系数详见下表。
<table><tr><td>孔径</td><td>1.0m以内</td><td>1.2m以内</td><td>1.4m以内</td><td>1.6m以内</td></tr><tr><td>调整系数</td><td>1.35</td><td>1.36</td><td>1.44</td><td>1.53</td></tr></table><table><tr><td>孔径</td><td>1.8m以内</td><td>2.0m以内</td><td>2.2m以内</td></tr><tr><td>调整系数</td><td>1.62</td><td>1.71</td><td>1.80</td></tr></table></td><td>GB 50021—2001中岩石分类</td><td></td></tr>
</table>

续表

<table>
<tr><th>序号</th><th>评审内容</th><th>评审要点</th><th>参考指标</th><th>边界条件</th><th>备注</th></tr>
<tr><td>3</td><td>基础工程</td><td>（3）岩石锚杆基础。执行《电力建设工程预算定额（2018 年版）第四册　架空输电线路工程》第 3 章相应定额。</td><td>2）岩石属于未风化～弱风化的凝灰岩、千枚岩、砂质泥岩、泥灰岩、泥质砂岩、粉砂岩、页岩等，以及弱风化的坚硬岩、未风化～微风化的熔结凝灰岩、大理岩、板岩、白云岩、石灰岩、钙质胶结的砂岩等，调整系数详见下表。
<table>
<tr><td>孔径</td><td>1.0m以内</td><td>1.2m以内</td><td>1.4m以内</td><td>1.6m以内</td></tr>
<tr><td>调整系数</td><td>1.60</td><td>1.61</td><td>1.64</td><td>1.72</td></tr>
</table>
<table>
<tr><td>孔径</td><td>1.8m以内</td><td>2.0m以内</td><td>2.2m以内</td></tr>
<tr><td>调整系数</td><td>1.80</td><td>1.88</td><td>1.97</td></tr>
</table>
3）所述类型岩石，设计单位应做到“一基一验算”，优化基础型式，严格控制入岩深度，降低施工难度。
4）难度增加系数：目前新型旋挖钻机应用于岩石地质开挖难度较大，系数暂定 1.1。</td><td>GB 50021—2001 中岩石分类</td><td></td></tr>
</table>

续表

序号	评审内容	评审要点	参考指标	边界条件	备注
3	基础工程	（4）商品混凝土的价格按当地信息价计列，另考虑运距100m以外的泵送费（含安拆）	（2）泵送费。平地地形暂按20元/m^3、丘陵地形暂按40元/m^3、山地地形暂按64元/m^3，以一笔性费用计列	GB 50021—2001中岩石分类	
4	组塔工程	采用落地抱杆或者吊车组塔的工程，根据塔高和质量，执行《电力建设工程预算定额（2018年版）第四册　架空输电线路工程》第4章相应定额			
5	架线工程	采用飞行器展放引绳及采用张力放线的工程，执行《电力建设工程预算定额（2018年版）第四册　架空输电线路工程》第5章相应定额	飞行器租赁费暂按220kV及以上架空线路工程3000元/km，110kV架空线路工程2000元/km		
6	辅助工程费用	（1）丘陵、山地地形临时施工道路一般采用路床整形、拓宽和少量碎石铺筑的方式，路宽按不超过3m考虑，碎石铺筑按不超过20%修路长度考虑。个别路段需加固处理的，执行审定的专项方案。 （2）水田、泥沼地形临时施工道路一般采用铺设路基箱的方式，离路边30m以及离塔30m采取横铺，其余采取竖铺。仅基础采用机械化施工时，路基箱租赁时间暂按10天计列。	（1）路基箱租赁单价暂按11元/（天·t）（含税）计列，安拆移动费和进（出）场费依据暂按150元/t计列。 （2）路基箱参考尺寸5.5m×1.3m，参考质量1.5t/块	湘建价建函〔2016〕41号	

续表

序号	评审内容	评审要点	参考指标	边界条件	备注
6	辅助工程费用	（3）临时施工道路修筑长度和修筑标准在专项方案中明确，工程临时施工道路修筑平均长度原则上不超过300m，单基超过500m的应在专项方案中逐一说明	（1）路基箱租赁单价暂按11元/（天·t）（含税）计列，安拆移动费和进（出）场费依据暂按150元/t计列。 （2）路基箱参考尺寸5.5m×1.3m，参考质量1.5t/块	湘建价建函〔2016〕41号	
7	建设场地征用及清理费/施工场地租用费/临时道路青苗赔偿费用	（1）综合考虑道路修筑和路基箱铺设，计列临时道路青苗补偿费。 （2）青苗补偿综合单价依据实际植被覆盖比例，按照当地政府青苗补偿相关文件计列，对于实际情况超文件标准的，应另行提供有效依据文件计算。 （3）设计单位须按附件要求出具青苗覆盖情况统计表，明确各线路段实际植被覆盖种类和比例	修路、铺路基箱综合考虑，计列公式：临时道路青苗赔偿=修路长度×3m/667×青苗赔偿综合单价		
8	建设场地征用及清理费/施工场地租用费/临时道路植被恢复费用	（1）平地、泥沼地形不计植被恢复费用，其余地形计列临时道路植被恢复费。 （2）国家和省级公益林林地、城市规划区林地、生态区、保护区等另行参照湘财综〔2018〕44号的标准计列费用	计列公式：临时道路植被恢复费=修路长度×3m×10元/m²	湘财综〔2018〕44号	

续表

序号	评审内容	评审要点	参考指标	边界条件	备注
9	建设场地征用及清理费/施工场地租用费/现场复绿费用	平地、泥沼地形不计现场复绿费用，其余地形计列现场复绿费用	计列公式：现场复绿费用＝［塔基周边临时用地面积（m^2）＋丘陵、山地临时道路修筑长度（m）×3m］×20 元/m^2（塔基周边临时用地面积按照 2 倍塔基永久占地面积计算）		
10	其他费用/灌注桩施工措施补助费		500kV 线路工程暂按 3 万元/基、220kV 线路工程暂按 2 万元/基、110kV 线路工程暂按 2 万元/基计入其他费用		

第四部分

征地及通道清理计价参考标准

一、湖南省电网工程征地及通道清理控制价汇总表

湖南省电网工程征地及通道清理控制价汇总表

单位：变电 万元/亩；线路 万元/基

序号	市（州）	县市区	变电			
			限价	工作范围	政府是否兜底	其他说明
1	长沙市	开福区	100	含土方调运（挖方装车、弃土运输、卸土处理），不负责压实	一事一议	
		天心区	100		具体项目金额详见协议	
		雨花区	100		具体项目金额详见协议	
		岳麓区	100	含土方调运（挖方装车、弃土运输、卸土处理、外购土方），不负责压实	具体项目金额详见协议	边坡只占不征；征地面积含围墙外1m、进站道路面积
		高新区	40		具体项目金额详见协议	
		经开区	40	含征地、拆迁、场平、边坡治理及代办权证		
		芙蓉区	100	含土方调运（挖方装车、弃土运输、卸土处理），不负责压实	具体项目金额详见协议	
		长沙县	核心城区70/其他40	含场平	具体项目金额详见协议	边坡只占不征；征地面积含围墙外1m、进站道路面积

续表

序号	市（州）	县市区	变电			
			限价	工作范围	政府是否兜底	其他说明
1	长沙市	望城区	40	含土方调运（挖方装车、弃土运输、卸土处理），不负责土方压实	具体项目金额详见协议	边坡只占不征；征地面积含围墙外 1m、进站道路面积
		望城经开区	40			
		浏阳市	40		特殊情况甲乙双方商定	边坡只占不征；征地面积含围墙外 1m、进站道路面积
		浏阳经开区	40		2021 年 12 月 31 日后价格双方再行商定	
		宁乡市	40		特殊情况甲乙双方商定	边坡只占不征；征地面积含围墙外 1m、进站道路面积
2	株洲市（2020.3.9）	市中心城市（天元区、芦淞区、荷塘区、石峰区、云龙示范区）	55	征地拆迁、场地平整、国土报批等	是	
		渌口区	45			
		醴陵市、攸县城区	35			
		茶陵县、炎陵县城区	30			
		农村地区	25			

续表

序号	市（州）	县市区	变电			
			限价	工作范围	政府是否兜底	其他说明
3	湘潭市	中心城区	50	包括但不限于土地补偿费、安置补助费、地上附着物及青苗补偿费、边角余料补偿费、还路还渠水系恢复费、公路接口费、杆迁费、社保基金、耕地开垦费、城市规划区的新增建设用地有偿使用费、耕地占用税、森林植被恢复费、耕地占补平衡指标费、工作协调经费、不可预计费、场地平整费	是	
		区县（市）中心城区	30			
		农村地区	28			
4	衡阳市	中心城区	38	不含房屋拆迁及安置费用	是	
		县市	18			
5	邵阳市	市城区（规划区）	30	协调土方调运（挖方装车、弃土运输、卸土处理）	是	
		其他地区	25			
6	岳阳市	中心城区（岳阳楼区、岳阳经开区、城陵矶新港区、南湖新区）	40	含土方调运（挖方装车、弃土运输、卸土处理）		

续表

序号	市（州）	县市区	变电			
			限价	工作范围	政府是否兜底	其他说明
6	岳阳市	其他县市区	30	含土方调运（挖方装车、弃土运输、卸土处理）		
7	常德市	武陵区、柳叶湖旅游度假区	60	熟地供地。除房屋拆迁补偿费外包括但不限于土地补偿费、安置补助费、地上附着物及青苗补偿费、社保基金、耕地开垦费、城市规划区的新增建设用地有偿使用费、耕地占用税、森林植被恢复费、边角余料补偿费、还路还渠水系恢复费、公路接口费、杆迁费等补偿性费用		
		鼎城区江南城区、常德经济技术开发区、常德高新技术产业开发区	40			
		其他区县市城区	30			
		其他地区	16			
8	益阳市	中心城区	40	含征地拆迁补偿费、青苗补偿费、不动产证办理费、协调经费等		禁止县级及以下政府、部门、机构突破市里确定的青苗补偿费用标准或套用其他标准收费
		区县（市）中心城区	30			
		其他地区	16			
9	张家界市	市中心城市（市中心城区、武陵源城区）	30	熟地供地。征地拆迁费、证照办理费、青苗补偿及工作经费	是	
		其他区域	25			

续表

序号	市（州）	县市区	变电			
			限价	工作范围	政府是否兜底	其他说明
10	郴州市	中心城区、高新区、规划区	30	征地拆迁补偿费、不动产证办理费、协调经费等		
		其他县市	25			
11	永州市	市城区（规划区）	30	含土方调运（挖方装车、弃土运输、卸土处理）	是	严格执行市政府颁布标准，严禁县级及以下政府、其他部门另行制定标准或套用其他标准收费
		其他地区	25			
12	怀化市	中心城区（含鹤城区、经开区）	30	包括但不限于土地补偿费、安置补助费、地上附着物及青苗补偿费、边角余料补偿费、还路还渠水系恢复费、公路接口费、社保基金、耕地开垦费、新增建设用地有偿使用费、耕地占用税、林地调查勘察费、森林植被恢复费、耕地占补平衡指标费等	是	挖掘城市道路等原样修复，免收各项规费；占用绿化带只收取移植费
		县城区	25			
		农村	16			
13	娄底市（无签章版）	娄星区（市区）	无			
14	湘西市	吉首市（市区）	无			

续表

序号	市（州）	县市区	线路						
			500	220	110	35	工作范围	政府是否兜底	其他说明
1	长沙市	开福区	5	4	3	1.8	线路跨房、塔基占地及临时用地、青苗赔偿和工作经费	是	电杆减半
		天心区							
		雨花区							
		岳麓区							
		高新区							
		经开区							
		芙蓉区							
		长沙县							
		望城区							
		望城经开区							
		浏阳市							
		浏阳经开区							
		宁乡市							

续表

序号	市（州）	县市区	线路						
			500	220	110	35	工作范围	政府是否兜底	其他说明
2	株洲市	市中心城市（天元区、芦淞区、荷塘区、石峰区、云龙示范区）	4.5	3.5	3	1.3	塔基占地及青苗补偿费	是	电杆减半；钢管杆0.8万/基
		渌口区	4	3.2	2.8	1.3			
		醴陵市、攸县城区							
		茶陵县、炎陵县城区							
		农村地区							
3	湘潭市	中心城区	5	4	3	1.5	包括但不限于塔基占地补偿费、安置补助费、地上附着物及青苗补偿费、边角余料补偿费、施工运输道费、牵张场费、村级运输道路费、通道零星树木砍伐费、220kV及以	是（谭政办发〔2019〕28号）	拉线塔及电杆减半；10kV及以下线路及配电台区占地不予补偿
		区县（市）中心城区							
		农村地区							

续表

<table>
<tr><th rowspan="2">序号</th><th rowspan="2">市（州）</th><th rowspan="2">县市区</th><th colspan="11">线路</th></tr>
<tr><th colspan="2">500</th><th colspan="2">220</th><th colspan="2">110</th><th colspan="2">35</th><th>工作范围</th><th>政府是否兜底</th><th>其他说明</th></tr>
<tr><td rowspan="3">3</td><td rowspan="3">湘潭市</td><td>中心城区</td><td colspan="2" rowspan="3">5</td><td colspan="2" rowspan="3">4</td><td colspan="2" rowspan="3">3</td><td colspan="2" rowspan="3">1.5</td><td rowspan="3">下线路跨越房屋费、还路还渠水系恢复费、占补平衡等费、工作协调经费、不可预计费等</td><td rowspan="3">是（谭政办发〔2019〕28号）</td><td rowspan="3">拉线塔及电杆减半；10kV及以下线路及配电台区占地不予补偿</td></tr>
<tr><td>区县（市）中心城区</td></tr>
<tr><td>农村地区</td></tr>
<tr><td rowspan="2">4</td><td rowspan="2">衡阳市</td><td>中心城区</td><td colspan="2">4.6</td><td colspan="2">4</td><td colspan="2">2.4</td><td colspan="2">1.5</td><td rowspan="2">含跨房费、塔基占地及临时用地费、青苗补偿和工作经费；不含迁坟费、宅基地占用费</td><td rowspan="2"></td><td rowspan="2">钢管杆减半</td></tr>
<tr><td>县市</td><td colspan="2">4.2</td><td colspan="2">3.6</td><td colspan="2">2（县市及南岳区）</td><td colspan="2">1.2（县市及南岳区）</td></tr>
<tr><td rowspan="2">5</td><td rowspan="2">邵阳市</td><td>市城区（规划区）</td><td>3.6
单回</td><td>4.7
双回</td><td>2.6
单回</td><td>3.6
双回</td><td>2.0
单回</td><td>2.7
双回</td><td>1.2
单回</td><td>1.6
双回</td><td rowspan="2"></td><td rowspan="2"></td><td rowspan="2">电杆、钢管杆另按要求计列</td></tr>
<tr><td>其他地区</td><td>3.2
单回</td><td>4.2
双回</td><td>2.3
单回</td><td>3.2
双回</td><td>1.8
单回</td><td>2.5
双回</td><td>1.0
单回</td><td>1.3
双回</td></tr>
<tr><td rowspan="2">6</td><td rowspan="2">岳阳市</td><td>中心城区（岳阳楼区、岳阳经开区、城陵矶新港区、南湖新区）</td><td colspan="2" rowspan="2">4.5</td><td colspan="2" rowspan="2">3.5</td><td colspan="2" rowspan="2">2.5</td><td colspan="2" rowspan="2">1.5</td><td rowspan="2">线路工程跨房、塔基永久占地、施工临时用地、施工青苗补偿</td><td rowspan="2"></td><td rowspan="2">电杆减半</td></tr>
<tr><td>其他县市区</td></tr>
</table>

续表

序号	市（州）	县市区	线路						
			500	220	110	35	工作范围	政府是否兜底	其他说明
7	常德市	武陵区、柳叶湖旅游度假区	3.5	2.5	2	1.5	塔基占地补偿包干		电杆单价减半
		鼎城区江南城区、常德经济技术开发区、常德高新技术产业开发区							
		其他区县市城区							
		其他地区							
8	益阳市	中心城区	4.5	3.5	2	1.5	塔基占地补偿费、施工临时用地补偿费、青苗赔偿费、边角余料补偿费、还路还渠水系恢复费、协调经费等		钢管杆、拉线塔、电杆减半；10kV及以下线路及配电台区占地不予补偿
		区县（市）中心城区							
		其他地区							

续表

序号	市（州）	县市区	线路						
			500	220	110	35	工作范围	政府是否兜底	其他说明
9	张家界市	市中心城市（市中心城区、武陵源城区）	3.5	2.5	2	1.5	线路跨房费、征地拆迁费、证照办理费、线路塔基永久占地补偿费、通道砍伐费、青苗补偿及工作经费	是	电杆减半
		其他区域							
10	郴州市	中心城区、高新区、规划区	3.6	2.6	2	1.2	全线塔基占地补偿费、临时施工用地补偿费、青苗补偿费、边角余料补偿费、还路还渠水系恢复费、协调经费等		拉线塔、电杆减半；10kV及以下线路及配电台区占地不予补偿
		其他县市							
11	永州市	市城区（规划区）							
		其他地区							

续表

序号	市（州）	县市区	线路						
			500	220	110	35	工作范围	政府是否兜底	其他说明
12	怀化市	中心城区（含鹤城区、经开区）	4.3	2.8	1.8	1.4	包括但不限于占地补偿费、青苗补偿费、边角余料补偿费、施工运输道费、牵张场费、通道树木砍伐费、跨越房屋费、协调经费等		10kV 及以下线路工程电杆、拉线洞免收占地费，新建改造 10kV 线路青苗补偿费不超过 0.3 万元 /km，0.4kV 及以下线路免除青苗补偿费用
		县城区							
		农村							
13	娄底市（无签章版）	娄星区（市区）							
14	湘西市	吉首市（市区）							

二、战略协议属地工作范围补充说明

1　变电部分

1.1　站址征地总面积应包括征地面积含围墙外 1m、进站道路面积；永久边坡应纳入站址征地范畴，但边坡补偿费用考虑占用的费用；临时边坡不纳入站址征地范畴。

1.2　站址征地补偿工作范围包括但不限于土地征用费（土地补偿费、安置补偿费、工作经费、不可预见费、耕地开垦费、耕地占用税、勘测定界费、证书费、社保基金等）、地上附着物清理及青苗补偿、迁移补偿费（含光纤、电力线等）、余物清理费、边角余料补偿费（如有）、城市规划区的新增建设用地有偿使用费、水土保持补偿费、耕地占用税、林地调查咨询费、森林植被恢复费、耕地占补平衡指标费、公路接口费、还路还渠还塘水系恢复费、表层清理费等。

1.3　战略协议中站址征地补偿含场地平整的，合同应明确场地平整包含的挖土方、填土方、土方压实、外购土方、余土外运、弃土处理、表层清理等验收标准及违约责任。

1.4　战略协议中站址征地补偿未包括场地平整的，建设管理单位可委托施工单位进行场地平整。原则上表层清理工作应由政府负责地面 0m 以上树木砍伐、清理及运离工作；施工单位负责地面 0m 以下树兜、鱼塘淤泥清理、耕植土剥离等场平工作。

1.5　厂矿、房屋等不动产拆迁由属地公司另行处理。

2　线路部分

2.1　线路工程征占地补偿包括塔基永久占地费与临时用地费用。

2.2　线路工程塔基永久占地费及临时用地费用包含土地补偿费、安置补偿费、工作经费、不可预见费、地上附着物清理费（含青苗、坟墓等）、边角余料补偿费（如有）、线路永久占地及临时用地（含材料堆放场地、施工运输道路、牵张场地、跨越架搭设、索道搭设等各类施工场地）的青苗补偿、通道零星树木砍伐费、220kV及以下线路跨越房屋补偿费等。

2.3 拆除、更换导地线、光缆工程的青苗补偿不包含在战略协议范围，由属地公司与政府另行协商签订包干协议，包干单价控制在协议标准30%以内。

2.4 厂矿、房屋等不动产拆迁，跨越成片经济作物、名贵苗木、宅基地、还路还渠还塘等赔偿，由属地公司另行处理。

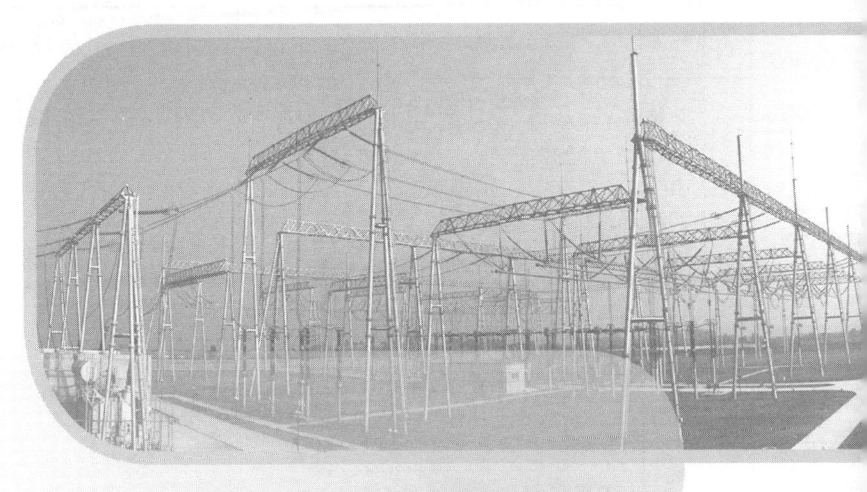

第五部分

编制依据文件

一、编制依据文件清单

（一）行业、企业标准文件清单

序号	类别	文件名称	文号	发布单位	备注
1	费用标准	关于印发湖南省电网建设项目前期工作等费用预算编制细则的通知	湘电建定〔2020〕1号	湖南省电力建设定额站	前期工作费
2	费用标准	国家电网公司办公厅转发中电联关于落实《国家发改委关于进一步放开建设项目专业服务价格的通知》的指导意见的通知	办基建〔2015〕100号	国家电网有限公司办公厅	前期费用
3	费用标准	中电联关于《电力建设工程定额和费用计算规定（2018年版）》实施有关事项的通知	中电联定额〔2020〕45号	中国电力企业联合会	项目划分及取费
4	费用标准	国家能源局关于颁布2018年版电力建设工程定额和费用计算规定的通知	国能发电力〔2019〕81号	国家能源局	项目划分及取费
5	费用标准	关于印发《系统通信工程建设预算编制管理细则（试行）》的通知	国家电网电定〔2018〕24号	国家电网有限公司电力建设定额站	系统通信工程建设预算编制要求和项目
6	费用标准	国网办公厅关于印发输变电工程三维设计费用计列意见的通知	办基建〔2018〕73号	国家电网有限公司办公厅	三维设计费
7	费用标准	关于发布湖南省电网工程建设场地占用及清理费预算编制参考标准的通知	湘电建定〔2016〕1号	湖南省电力建设定额站	建设场地及征用费
8	费用标准	国家电网公司关于印发加强输变电工程其他费用管理意见的通知	国家电网基建〔2013〕1434号	国家电网有限公司	其他费用
9	费用标准	湖南省电力建设定额站关于电网建设线路工程塔基用地“只占不征”补偿标准的指导意见	湘电建定〔2017〕2号	湖南省电力建设定额站	建设场地及征用费

续表

序号	类别	文件名称	文号	发布单位	备注
10	费用标准	关于印发国家电网公司输变电工程勘察设计费概算计列标准（2014 年版）的通知	国家电网电定〔2014〕19 号	国家电网有限公司电力建设定额站	勘察设计费
11	费用标准	关于印发电网工程大件设备运输方案费用计列指导依据的通知	国家电网电定〔2014〕9 号	国家电网有限公司电力建设定额站	大件运输措施费
12	费用标准	关于发布“输变电工程应用海拉瓦技术取费标准”的通知	国家电网电定〔2010〕36 号	国家电网有限公司电力建设定额站	海拉瓦费用
13	计价定额	中电联关于发布《电力建设工程施工机械台班费用定额（2018 年版）》的通知	中电联定额〔2020〕51 号	中国电力企业联合会	施工机械台班费用定额
14	技术经济指标	国网基建部关于印发输变电工程多维立体参考价（2021 年版）的通知	基建技经〔2021〕3 号	国家电网有限公司基建部	标准参考价
15	技术经济指标	国网湖南电力建设部关于发布输变电工程差异化标准参考价（2020 年版）的通知	建设〔2020〕45 号	国网湖南省电力有限公司建设部	差异化标准参考价
16	价格信息	2020 年第三季度电网工程设备材料信息价	总第 33 期	国家电网有限公司电力建设定额站	设备及装材价格
17	价格信息	电力工程造价与定额管理总站关于发布 2019 年电力建设工程装置性材料综合信息价的通知	定额〔2020〕28 号	电力工程造价与定额管理总站	装置性材料综合信息价
18	价格信息	电力工程造价与定额管理总站关于发布《电力建设工程常用设备材料价格信息（2019 年）》的通知	定额〔2020〕24 号	电力工程造价与定额管理总站	常用设备材料价格
19	价格信息	电力工程造价与定额管理总站关于发布 2018 版电力建设工程概预算定额 2020 年度价格水平调整的通知	定额〔2021〕3 号	电力工程造价与定额管理总站	定额价格调整

续表

序号	类别	文件名称	文号	发布单位	备注
20	价格信息	中电联关于发布2018年版电力建设工程装置性材料预算价格与综合预算价格的通知	中电联定额〔2020〕44号	中国电力企业联合会	装置性材料预算价格与综合预算价格
21	其他	国网湖南省电力有限公司关于发布2020年采购计划安排的通知	湘电公司物资〔2020〕30号	国网湖南省电力有限公司	设备材料甲乙供划分
22	其他	国网湖南电力建设部关于进一步规范输变电拆除工程费用计列的通知	建设〔2020〕36号	国网湖南省电力有限公司建设部	拆除工程
23	其他	国家电网有限公司电力建设定额站关于印发《国家电网有限公司电力建设定额站有关标准使用指导意见》的通知	国家电网电定〔2020〕19号	国家电网有限公司电力建设定额站	计价依据
24	其他	国家电网有限公司电力建设定额站关于印发《L型预制电缆沟补充定额》等企业计价依据的通知	国家电网电定〔2021〕6号	国家电网有限公司电力建设定额站	计价依据
25	其他	国家电网公司关于印发架空输电线路“三跨”运维管理补充规定的通知	国家电网运检〔2016〕777号	国家电网有限公司	“三跨”措施
26	其他	国网湖南省电力有限公司关于印发《模块化变电站装饰装修材料选用标准》的通知	湘电公司建设〔2019〕288号	国网湖南省电力有限公司建设部	变电站装饰装修
27	其他	国家电网公司基建技术经济管理规定	国家电网企管〔2017〕69号	国家电网有限公司	通用制度
28	其他	国网基建部关于印发《国家电网有限公司输变电工程初步设计评审单位能力评价管理规定（试行）》的通知	基建技经〔2018〕49号	国家电网有限公司基建部	管理要求
29	其他	国网基建部关于进一步加强初步设计评审会审工作管理的通知	基建技经〔2018〕83号	国家电网有限公司基建部	管理要求

续表

序号	类别	文件名称	文号	发布单位	备注
30	其他	国网湖南电力建设部关于加强输变电工程初步设计评审管理的通知	建设〔2018〕174号	国网湖南省电力有限公司建设部	管理要求
31	其他	国网湖南电力建设部关于规范变电工程施工电源和计量装置管理的通知	建设〔2018〕159号	国网湖南省电力有限公司建设部	管理要求
32	其他	国网基建部关于进一步加强初步设计评审精准管理相关工作的通知	2018年2月通报	国家电网有限公司基建部	管理要求
33	其他	关于输变电工程深化应用航拍数字技术的通知	国家电网基建〔2011〕186号	国家电网有限公司	管理要求
34	其他	国网湖南电力建设部关于输电线路工程应用航测数字技术的通知	建设〔2019〕118号	国网湖南省电力有限公司建设部	管理要求
35	其他	国家电网有限公司输变电工程施工图预算管理办法	国家电网企管〔2019〕296号	国家电网有限公司	管理要求
36	其他	国网基建部关于印发输变电工程概算预算结算计价依据差异条款统一意见（2019年版）的通知	基建技经〔2019〕29号	国家电网有限公司基建部	计价依据
37	其他	国网基建部关于转发中电联电力建设工程定额和费用计算规定（2018年版）实施有关事项等文件的通知	基建技经〔2020〕29号	国家电网有限公司基建部	管理要求
38	其他	国网湖南省电力有限公司关于印发《国网湖南省电力有限公司进一步加强输变电工程质量第三方实测实量管理的意见（试行）》的通知	湘电公司建设〔2019〕131号	国网湖南省电力有限公司建设部	管理要求
39	其他	国网湖南省电力有限公司关于加强低电压等级电网工程合理造价管理的指导意见	湘电公司建设〔2019〕359号	国网湖南省电力有限公司建设部	管理要求

续表

序号	类别	文件名称	文号	发布单位	备注
40	其他	关于土石方等计价问题处理的复函	湘建价建函〔2016〕41号	湖南省建设工程造价管理总站	管理要求
41	其他	关于印发《湖南省电力公司110～500千伏输电线路工程标识牌加工、制作及安装细则的通知》	湘电基建〔2010〕333号	国网湖南省电力有限公司	管理要求

（二）行业、企业标准以外的相关文件清单

序号	文件名称	文号	发布单位
1	国务院关于加强固定资产投资项目资本金管理的通知	国发〔2019〕26号	国务院
2	国务院关于调整和完善固定资产投资项目资本金制度的通知	国发〔2015〕51号	国务院
3	关于调整森林植被恢复费征收标准引导节约集约利用林地的通知	财税〔2015〕122号	财政部、国家林业局
4	国家发展改革委关于印发《不单独进行节能审查的行业目录》的通知	发改环资规〔2017〕1975号	国家发展改革委
5	住房城乡建设部关于印发《建设工程定额管理办法》的通知	建标〔2015〕230号	国家住房和城乡建设部
6	住房城乡建设部财政部关于印发《建筑安装工程费用项目组成》的通知	建标〔2013〕44号	国家住房和城乡建设部
7	关于取消和暂停征收一批行政事业性收费有关问题的通知	财税〔2015〕102号	国家财政部
8	湖南省人民政府关于第一批清理规范59项省政府部门行政审批中介服务事项的决定	湘政发〔2016〕3号	湖南省政府
9	湖南省人民政府办公厅关于印发《湖南省建设领域农民工劳动报酬支付管理规定》的通知	湘政办发〔2015〕19号	湖南省政府办公厅
10	关于规范工程造价咨询服务收费的意见	湘建价协〔2016〕25号	湖南省建设工程造价管理协会

续表

序号	文件名称	文号	发布单位
11	关于印发《湖南省建设工程质量检测收费项目和收费标准（指导价）》的通知	湘质安协字〔2016〕19号	湖南省建设工程质量安全协会
12	广铁（集团）公司关于公布《广铁集团地方涉铁工程建设管理办法（修订）》的通知	广铁办发〔2017〕20号	广州铁路公司
13	关于印发《湖南省装配式混凝土—现浇剪力墙结构住宅计价依据》的通知	湘建价〔2015〕191号	湖南省住建厅
14	关于贯彻执行国家标准《建筑工程建筑面积计算规范》（GB/T 50353—2013）的通知	湘建价〔2014〕201号	湖南省住建厅
15	关于印发 2020《湖南省建设工程计价办法》及《湖南省建设工程消耗量标准》的通知	湘建价〔2020〕56号	湖南省住建厅
16	关于发布 2019 年湖南省建设工程人工工资单价的通知	湘建价〔2019〕130号	湖南省住建厅
17	湖南省物价局、湖南省水利厅关于公布水利系统服务收费项目和标准的通知	湘价服〔2013〕134号	湖南省物价局
18	湖南省人民政府关于调整湖南省征地补偿标准的通知	湘政发〔2021〕3号	湖南省政府
19	湖南省人民政府办公厅转发省人力资源社会保障厅《关于做好被征地农民社会保障工作的意见》的通知	湘政办发〔2014〕31号	湖南省政府
20	湖南省人民政府办公厅关于印发《湖南省耕地开垦费征收使用管理办法》的通知	湘政办发〔2019〕38号	湖南省政府
21	湖南省实施《中华人民共和国耕地占用税暂行条例》办法	湖南省人民政府令第231号	湖南省政府
22	湖南省财政厅 湖南省林业局关于印发《湖南省森林植被恢复费征收使用管理实施办法》的通知	湘财综〔2018〕44号	湖南省财政厅
23	关于国土资源系统服务性收费有关问题的通知	湘发改价服〔2016〕430号	湖南省发展和改革委员会
24	湖南省国土资源厅关于进一步加强建设用地项目土地复垦工作的通知书	湘国土资发〔2012〕35号	湖南省国土资源厅
25	长沙市人民政府办公厅关于征地补偿安置劳务费和不可预计费有关问题的通知	长政办发〔2008〕11号	长沙市政府
26	长沙市人民政府关于调整长沙市市区征收农村集体土地地上附着物及青苗补偿标准的通知	长政发〔2018〕17号	长沙市政府

续表

序号	文件名称	文号	发布单位
27	长沙市人民政府关于调整征地补偿标准的通知	长政发〔2018〕10号	长沙市政府
28	株洲市人民政府关于调整征地补偿标准的通知	株政发〔2018〕9号	株洲市政府
29	株洲市人民政府关于印发《株洲市集体土地征收及房屋拆迁补偿安置办法》的通知	株政发〔2017〕5号	株洲市政府
30	株洲市人民政府办公室关于印发株洲市被征地农民和城中村改造安置人员就业培训和基本生活保障实施办法的通知	株政办发〔2010〕28号	株洲市政府
31	湘潭市人民政府关于印发《湘潭市集体土地征收与房屋拆迁补偿安置暂行办法》的通知	潭政发〔2018〕18号	湘潭市政府
32	湘潭市人民政府关于印发《湘潭市国有土地上房屋征收与补偿实施办法》的通知	潭政发〔2018〕7号	湘潭市政府
33	衡阳市人民政府办公室关于印发《衡阳市集体土地征收与房屋拆迁补偿安置办法》的通知	衡政办发〔2015〕73号	衡阳市政府
34	湖南省人民政府关于《邵阳市征地青苗补偿标准》的批复	湘政函〔2014〕11号	湖南省政府
35	邵阳市人民政府办公室关于印发《邵阳市区被征地农民就业培训和社会保障办法》的通知	市政办发〔2014〕1号	邵阳市政府
36	邵阳市人民政府关于印发《邵阳市集体土地征收及房屋拆迁补偿安置办法》的通知	邵市政发〔2018〕11号	邵阳市政府
37	关于印发《岳阳市集体土地征收与房屋拆迁补偿安置办法》的通知	岳政发〔2019〕2号	岳阳市政府
38	岳阳市人民政府关于调整岳阳市征地补偿标准的通知	岳政发〔2018〕8号	岳阳市政府
39	张家界市人民政府关于印发《张家界市集体土地征收及其房屋拆迁补偿安置办法》的通知	张政发〔2018〕7号	张家界市政府
40	益阳市人民政府关于印发《益阳市集体土地征收与房屋拆迁补偿安置办法》的通知	益政发〔2018〕8号	益阳市政府
41	常德市人民政府关于印发《常德市集体土地征收与房屋拆迁补偿安置办法》的通知	常政发〔2019〕5号	常德市政府

续表

序号	文件名称	文号	发布单位
42	娄底市人民政府关于印发《娄底市征地补偿标准》和《娄底市征地青苗补偿标准》的通知	娄政发〔2018〕21号	娄底市政府
43	娄底市人民政府关于印发《娄底市集体土地征收及其房屋拆迁补偿安置办法》的通知	娄政发〔2016〕13号	娄底市政府
44	郴州市集体土地征收与房屋拆迁补偿安置办法	郴政办发〔2015〕31号	郴州市政府
45	永州市人民政府关于印发《永州市集体土地与房屋征收补偿安置办法》的通知	永政发〔2019〕4号	永州市政府
46	永州市人民政府关于公布永州市征地补偿补充标准的通知	永政发〔2012〕26号	永州市政府
47	怀化市人民政府关于印发《怀化市集体土地与房屋征收补偿安置办法》的通知	怀政发〔2016〕9号	怀化市政府
48	湘西自治州人民政府关于印发《湘西自治州集体土地征收与房屋拆迁补偿安置办法》的通知	州政发〔2019〕5号	湘西自政府
49	关于我市工程渣土消纳价格最高限价的通知	长发改价费〔2019〕105号	长沙市发展和改革委员会
50	长沙市住房和城乡建设局关于调整新型智能环保渣土车运输和建设工程扬尘防治计价规定的通知	长住建发〔2020〕103号	长沙市住房和城乡建设局
51	人力资源社会保障部关于印发建筑工人实名制管理办法（试行）的通知	建市〔2019〕18号	中国住房和城乡建设部、人力资源社会保障部
52	关于重新公布湖南省交通运输系统行政事业性收费标准的通知	湘发改价费〔2017〕564号	湖南省发展和改革委员会、湖南省财政厅
53	关于发布湖南省住房城乡建设系统行政事业性收费标准的通知	湘发改价费〔2015〕1119号	湖南省发展和改革委员会、湖南省财政厅

二、湘电建定〔2020〕1 号《关于印发湖南省电网建设项目前期工作等费用预算编制细则的通知》

关于印发湖南省电网建设项目前期工作等费用预算编制细则的通知

湘电建定〔2020〕1 号

公司各单位：

根据国家、电力行业、国家电网有限公司关于项目前期费用等工作的相关法律法规及文件精神，结合湖南省电网工程建设实际情况，经湖南省电力建设定额站测定，现印发湖南省电网建设项目前期工作等费用预算编制细则，请遵照执行。原《关于印发湖南省电网建设项目前期工作等费用预算编制细则的通知》（湘电建定〔2016〕2 号）同时废止。

附件：湖南省电网建设项目前期工作等费用预算编制细则

湖南省电力建设定额站

2020 年 7 月 17 日

附件

湖南省电网建设项目前期工作等费用预算编制细则

一、项目前期工作费

（一）可行性研究费用

（1）可行性研究编制费

单位：万元

电压等级	工程类型	项目特征	费用
500 千伏	变电工程	新建工程	100
	线路工程	路径长度≤20km，按 20km 计	30
		路径长度＞20km，每增加 1km	1.5
220 千伏	变电工程	新建工程	40
	线路工程	路径长度≤20km，按 20km 计	20
		路径长度＞20km，每增加 1km	1
110 千伏	变电工程	新建工程	15
	线路工程	路径长度≤20km，按 20km 计	12
		路径长度＞20km，每增加 1km	0.5
35 千伏	变电工程	新建工程	5
	线路工程	路径长度≤10km，按 10km 计	5
		路径长度＞10km，每增加 1km	0.2

注：

1．主变扩建工程按对应电压等级新建站工程的 30%计费。

2．同一个输变电项目，线路工程按长度累加计费。

3．间隔扩建工程、站端通信工程、光纤通信工程不单独计费，费用包含在对应变电工程和线路工程中。

（2）可研阶段工程勘察费

电压等级	500 千伏	220 千伏	110 千伏	35 千伏
变电工程（万元）	10	5	3	1
架空线路工程（元/公里）	1023	517	303	186

注：

1. 主变扩建工程按对应电压等级新建站工程的 30%计费。
2. 同塔双回线路可取 1.1～1.2 的调整系数，双回以上，每增加一回按单回的 5%增加费用。

（二）环境影响评价费

单位：万元

电压等级	工程类型	项目特征	费用
500 千伏	变电工程	新建工程	20
		主变扩建工程	10
	线路工程	路径长度≤20km，按 20km 计	4.2
		20km＜路径长度≤100km，每增加 1km	0.2
		路径长度＞100km，每增加 1km	0.13
220 千伏	变电工程	新建工程（含配套线路）	8
		主变扩建工程	4.2
	单独立项的线路工程	路径长度≤20km，按 20km 计	4.2
		20km＜路径长度≤100km，每增加 1km	0.13
		路径长度＞100km，每增加 1km	0.08
110 千伏	变电工程	新建工程（含配套线路）	5
		主变扩建工程	2.5
	单独立项的线路工程	路径长度≤20km，按 20km 计	2.5
		路径长度大于 20km，每增加 1km	0.08

注：

1. 35 千伏电压等级不列此项费用。
2. 线路工程按输变电累加长度计算。

（三）建设项目规划选址和用地预审费

单位：万元

电压等级	工程类型	规划选址论证报告编制费	用地预审费	土地利用总体规划调整费
500 千伏	输变电工程	10	8	10
	单独线路工程	6	8	/
220 千伏	输变电工程	8	5	8
	单独线路工程	5	5	/
110 千伏	输变电工程	8	4	6
	单独线路工程	4	4	/
35 千伏	输变电工程	6	2	4
	单独线路工程	3	2	/

注：

1. 涉及新增用地的扩建工程规划选址费参照本费用的 50%计取，站内扩建工程不计取此项费用。
2. 涉及新增用地的扩建工程用地预审费和土地利用总体规划调整费按照本费用的 30%计取，不涉及新增用地的扩建工程不计列此费用。
3. 根据“湘自然资源〔2019〕34 号”文附件 2，属于应当提供用地预审与规划选址论证报告情形的，计列规划选址论证报告编制费；不属于此情形的项目不计列规划选址论证报告编制费。

（四）水土保持方案编审费

（1）输变电工程水土保持方案编审费

单位：万元

输变电工程		500 千伏	220 千伏	110 千伏	35 千伏
水保方案编审费	新建工程	8 万元/个	6 万元/个	3.5 万元/个	3 万元/个
	涉及新增用地的扩建工程	3.2 万元/个	2.4 万元/个	1.4 万元/个	1.2 万元/个
配套线路水保方案编审费	路径长度≤20km	1.7	1.3	1	1
	20km＜路径长度≤100km，每增加 1km	0.08	0.07	0.05	0.04
	路径长度＞100km，每增加 1km	0.07	0.05	0.04	0.03

注：线路工程按输变电工程累加长度计算。

（2）单独立项线路工程水土保持方案编审费

单位：万元

单独立项线路工程		500千伏	220千伏	110千伏	35千伏
水保方案编审费	路径长度≤20km	3.3	3	2.7	2.5
	20km＜路径长度≤100km，每增加1km	0.08	0.07	0.05	0.04
	路径长度＞100km，每增加1km	0.07	0.05	0.04	0.03

注：线路工程按输变电工程累加长度计算。

（五）地质灾害危险性评估费

单位：万元

电压等级	工程类型	项目特征	费用
500千伏	变电站工程	新建变电站工程	5
	线路工程	路径长度≤20km	2
		超20km，每增加1km	0.1
220千伏	变电站工程	新建变电站工程	4
	线路工程	路径长度≤10km	1
		超10km，每增加1km	0.1
110千伏	变电站工程	新建变电站工程	4
	线路工程	路径长度≤10km	1
		超10km，每增加1km	0.1
35千伏	变电站工程	新建变电站工程	3
	线路工程	路径长度≤5km	0.25
		超5km，每增加1km	0.05

（六）矿产压覆评估费

单位：万元

电压等级	工程类型	项目特征	费用
500 千伏	变电站工程	/	6
	线路工程	路径长度≤20km	3
		超 20km，每增加 1km	0.15
220 千伏	变电站工程	/	5
	线路工程	路径长度≤10km	1.2
		超 10km，每增加 1km	0.12
110 千伏	变电站工程	/	5
	线路工程	路径长度≤10km	1.2
		超 10km，每增加 1km	0.12
35 千伏	变电站工程	/	3
	线路工程	路径长度≤5km	0.5
		超 5km，每增加 1km	0.1

（七）非常规前期费用项目

（1）林业规划勘测费

单位：万元/县

电压等级	工程类型	费用
220～500 千伏	线路工程	4.5
35～110 千伏		3

注：根据输变电工程中的所有线路工程所跨县数量计列，多条线路跨同一个县时，只计一次。

（2）通航评估费

单位：万元/处

工程类型	航道级别	费用
线路工程	Ⅲ级及以上航道	15
	Ⅳ～Ⅵ级航道	12

注：塔基位于河道中央等特殊情况的通航评估费用按实计列。

（3）防洪影响评价费

单位：万元/处

电压等级	审批单位	费用
220～500 千伏	长江委	18
	省水利厅	16
110 千伏	长江委	13
	省水利厅	11
35 千伏	省水利厅	6

（4）生态影响与生态多样性评估费

单位：万元/保护区

电压等级	自然保护区级别	费用
220～500 千伏	国家级	18
	省级	17
110 千伏	国家级	16
	省级	15
35 千伏	国家级	12
	省级	11

（5）社会稳定风险评估费

单位：万元

电压等级	工程类型	社会稳定风险评估费
500 千伏	变电工程	12
	线路工程	/
220 千伏	变电工程	8
	线路工程	/
110 千伏	变电工程	5
	线路工程	/

续表

电压等级	工程类型	社会稳定风险评估费
35千伏	变电工程	5
	线路工程	/

注：涉及新增用地的扩建工程参照本费用的50%计取，站内扩建工程不计取此项费用。

（八）其他说明

（1）上述费用项目需提交相应评估报告等成果文件，方可计入工程结算。

（2）如征地框架协议单价已包含上述费用项目工作内容，则不另计费用。

（3）地震灾害评价费用、文物普查费用等前期工作费原则上不予计列；实际发生时，按需计列。

二、工程建设检测费

（一）环境保护验收费

单位：万元

电压等级	工程类型	项目特征	费用
500千伏	变电工程	新建工程	30
		主变扩建工程	15
	线路工程	路径长度≤20km，按20km计	6.3
		20km＜路径长度≤100km，每增加1km	0.31
		路径长度＞100km，每增加1km	0.2
220千伏	变电工程	新建工程（含配套线路）	8
		主变扩建工程	4.2
	单独立项的线路工程	路径长度≤20km，按20km计	4.2
		20km＜路径长度≤100km，每增加1km	0.13
		路径长度＞100km，每增加1km	0.08

续表

电压等级	工程类型	项目特征	费用
110千伏	变电工程	新建工程（含配套线路）	5
		主变扩建工程	2.5
	单独立项的线路工程	路径长度≤20km，按20km计	2.5
		20km＜路径长度≤100km，每增加1km	0.08
		路径长度＞100km，每增加1km	0.05

注：

1. 35千伏电压等级不列此项费用。
2. 线路工程按输变电工程累加长度计算。

（二）水土保持监测及验收费

（1）输变电工程水土保持监测及验收费

单位：万元

输变电工程	500千伏	220千伏	110千伏	35千伏
水土保持监测费	13.3万元/个	4.2万元/个	2.5万元/个	2万元/个
水保设施验收费	9.2万元/个	3.3万元/个	2.5万元/个	2万元/个

注：

1. 输变电工程的水土保持监测、验收费用统一计入变电站新建工程中，配套线路工程不再重复计列。
2. 征占地面积在5公顷以上或者挖填土石方总量在5万立方米以上的生产建设项目，方可列支水土保持监测费。

（2）单独立项线路工程水土保持监测、验收费

单位：万元

单独立项线路工程	500千伏	220千伏	110千伏	35千伏
水土保持监测费	13.3万元/个	3.3万元/个	1.7万元/个	1.2万元/个
水保设施验收费	6.7万元/个	3万元/个	1.7万元/个	1.2万元/个

注：征占地面积在5公顷以上或者挖填土石方总量在5万立方米以上的生产建设项目，方可列支水土保持监测费。

三、建设场地征用及清理费

（一）水土保持补偿费

水土保持补偿费根据征占用土地面积按 1 元/平方米计算。

（二）生态补偿费用

单位：万元/处

电压等级	工程类型	项目特征	费用
500 千伏、220 千伏	线路工程	杆塔基数=1 基	10
		超过 1 基，每增加 1 基	2
110 千伏	线路工程	杆塔基数=1 基	8
		超过 1 基，每增加 1 基	1
35 千伏	线路工程	杆塔基数=1 基	6
		超过 1 基，每增加 1 基	0.5

注：

1. 在自然保护区修筑电力工程时计取，不涉及相关补偿区域内杆塔新建或重建的线路工程不计列该费用。
2. 500 千伏、220 千伏项目不超过 20 万元/处；110 千伏项目不超过 18 万元/处；35 千伏项目不超过 15 万元/处。

（三）勘测定界费

单位：万元

电压等级	工程类型	勘测定界费
500 千伏	变电工程	5
	线路工程	/
220 千伏	变电工程	3
	线路工程	/
110 千伏	变电工程	2
	线路工程	/
35 千伏	变电工程	1
	线路工程	/

注：涉及新增用地的扩建工程参照本费用的 50%计取，站内扩建工程不计取此项费用。

三、基建技经〔2021〕3号《国网基建部关于印发输变电工程多维立体参考价（2021年版）的通知》

国网基建部关于印发输变电工程多维立体参考价（2021年版）的通知

基建技经〔2021〕3号

各省（自治区、直辖市）电力公司，国网经研院：

为加强电网工程造价管理，提高工程造价管理水平，国网基建部组织制定了公司输变电工程多维立体参考价（2021年版）（简称"参考价"），现予以印发。有关事项通知如下：

一、参考价主要内容和应用说明

1．多维立体参考价是指公司与省公司两级联动的通用设计方案参考价、分项费用、建场费用，施工图预算和初设概算水平等颗粒度更细、更广域的多个维度，以及考虑政策变化、实时价格信息等因素的动态加静态，与市场信息适时联动的"立体"的技术经济指标体系，是标准参考价由"3＋X"模式向"多维立体"模式转变的具体体现，每年定期发布。

2．参考价（2021年版）是在2020年基建工程造价分析工作成果基础上，应用输变电工程技术经济指标动态调整模型，暨量化设备材料价格、人材机水平、建场费等常规影响因素，以及2018版预规应用、机械化施工等因素对工程造价的影响程度，具有较强的实用性和适应性。

3．本次发布的公司参考价（2021年版）涵盖了110～500kV通用设计方案18类变电工程、23类架空线路工程初步设计概算和施工图预算水平的参考价（详见附件）。

4．应用参考价（2021年版）时，首先应按照当期设备材料信息价调整设备购置等相关费用，以调整后的水平作为公司相类似方案工程投资估算、初设概算、施工图预算编制与评审（审查）的参考标尺。

5．采用参考价（2021 年版）对应通用设计方案的工程按照参考价执行；工程技术方案规模不一致时，按照采用单位工程参考价进行调整后执行；未采用参考价对应的通用设计方案的工程，应按造价控制线水平执行。

6．考虑地域差异，各省公司可参照公司参考价制定方法，结合本地区项目工程特点等实际情况，开展省公司参考价编制工作，制订省公司备案参考价，作为参考价（2021 年版）的有效补充，编制时需说明增加方案或调整造价水平的原因，提交国网基建部备案后使用。

二、有关要求

各单位要高度重视，在工程建设各阶段，充分用好参考价，做好造价管控工作，提升公司经营效益。

1．设计单位上报评审的设计文件，工程造价（费用）水平高于对应参考价造价水平的，设计文件中要增加专题论证材料；超过对应参考价水平 10%以上的工程，要增加方案技术经济比选专篇，说明该方案的充分必要性。

2．工程评审中，评审单位及项目业主要以参考价为宏观尺度，加强技术方案比选，合理控制工程造价。

3．省公司参考价应在公司参考价发布一月内向国网基建部备案。

参考价自印发之日起执行，应用过程中的问题和建议及时反馈国网基建部。

附件：国家电网有限公司输变电工程多维立体参考价（2021 年版）

国网基建部

2021 年 1 月 14 日

附件

国家电网有限公司输变电工程多维立体参考价（2021年版）

一、通用设计方案工程多维立体参考价

表1　变电通用设计方案工程概算参考价一览表

序号	电压等级	工程技术方案描述	静态投资（万元/站）	分项费用（万元/站）				
				建筑工程费	设备购置费	安装工程费	其他费用	其中，建场费
1	500kV	A-2方案，本期2×1000MVA，GIS户外站；高压4回，中压8回	28583	5665	14971	3578	4369	2078
2		B-1方案，本期2×750MVA，HGIS户外站；高压4回，中压8回	27172	5756	13082	3848	4486	1706
3		B-5（1000MVA）方案，本期2×1000MVA，HGIS户外站；高压4回，中压8回	28689	6544	13830	3946	4369	1540
4		B-5（1200MVA）方案，本期2×1200MVA，HGIS户外站；高压4回，中压8回	28577	6998	13487	3145	4947	1797

续表

序号	电压等级	工程技术方案描述	静态投资（万元/站）	分项费用（万元/站）				
				建筑工程费	设备购置费	安装工程费	其他费用	其中，建场费
5	330kV	A-1（360MVA）方案，本期2×360MVA，GIS户外站，高压4回，中压6回	14496	2551	7495	2340	2110	613
6	220kV	A1-1（180MVA）方案，本期2×180MVA，HGIS户外站；高压4回，中压4回，低压4回	8813	2087	4060	1251	1415	422
7		A1-1（240MVA）方案，本期2×240MVA，GIS户外站；高压4回，中压4回，低压4回	10503	2807	4565	1294	1837	774
8		A2-1方案，本期2×180MVA，GIS户内站；高压2回，中压8回，低压16回	12109	4163	4330	1547	2069	539
9		A2-4方案，本期2×240MVA，GIS户内站；高压4回，中压6回，低压28回	13108	4234	5268	1651	1955	530
10		A3-1方案，本期2×180MVA，GIS半户内站；高压2回，中压8回，低压8回	10862	2971	4575	1444	1872	451
11		A3-3（240MVA）方案，本期2×240MVA，GIS半户内站；高压4回，中压6回，低压12回	11925	3692	5171	1207	1855	607
12		C-1方案，本期1×180MVA，AIS户外站；高压4回，中压6回，低压4回	7196	2058	2481	1150	1507	504

续表

序号	电压等级	工程技术方案描述	静态投资（万元/站）	分项费用（万元/站）				
				建筑工程费	设备购置费	安装工程费	其他费用	其中，建场费
13	110kV	A1-1 方案，本期 2×50MVA，GIS 户外站；高压 2 回，低压 24 回	3340	894	1419	527	500	119
14	110kV	A2-4（50MVA）方案，本期 2×50MVA，GIS 户内站；高压 2 回，低压 28 回	4111	1615	1358	515	623	151
15		A2-4（63MVA）方案，本期 2×63MVA，GIS 户内站；高压 2 回，低压 28 回	3981	1230	1493	505	753	293
16		A3-3（50MVA）方案，本期 2×50MVA，GIS 半户内站；高压 2 回，低压 24 回	3438	1202	1228	461	547	158
17		A3-3（63MVA）方案，本期 2×63MVA，GIS 半户内站；高压 2 回，低压 24 回	3516	1132	1349	542	493	71
18		C-8 方案，本期 2×50MVA，AIS 户外站；高压 2 回，中压 6 回，低压 16 回	3206	824	1295	624	463	131

表 2　变电通用设计方案工程预算参考价一览表

序号	电压等级	工程技术方案描述	静态投资（万元/站）	分项费用（万元/站）				
				建筑工程费	设备购置费	安装工程费	其他费用	其中，建场费
1	500kV	A-2 方案，本期 2×1000MVA，GIS 户外站；高压 4 回，中压 8 回	26274	4774	14971	3015	3514	2052

续表

序号	电压等级	工程技术方案描述	静态投资（万元/站）	分项费用（万元/站）				
				建筑工程费	设备购置费	安装工程费	其他费用	其中，建场费
2	500kV	B-1 方案，本期 2×750MVA，HGIS 户外站；高压 4 回，中压 8 回	25055	4963	13082	3318	3692	1687
3		B-5（1000MVA）方案，本期 2×1000MVA，HGIS 户外站；高压 4 回，中压 8 回	26284	5418	13830	3359	3677	1528
4		B-5（1200MVA）方案，本期 2×1200MVA，HGIS 户外站；高压 4 回，中压 8 回	26179	6057	13487	2722	3913	1767
5	330kV	A-1（360MVA）方案，本期 2×360MVA，GIS 户外站，高压 4 回，中压 6 回	13448	2200	7495	2019	1734	611
6	220kV	A1-1（180MVA）方案，本期 2×180MVA，HGIS 户外站；高压 4 回，中压 4 回，低压 4	8039	1767	4060	1059	1153	407
7		A1-1（240MVA）方案，本期 2×240MVA，GIS 户外站；高压 4 回，中压 4 回，低压 4 回	9630	2422	4565	1117	1526	742
8		A2-1 方案，本期 2×180MVA，GIS 户内站；高压 2 回，中压 8 回，低压 16 回	11070	3643	4330	1354	1743	519
9		A2-4 方案，本期 2×240MVA，GIS 户内站；高压 4 回，中压 6 回，低压 28 回	11980	3659	5268	1427	1626	510

续表

序号	电压等级	工程技术方案描述	静态投资（万元/站）	分项费用（万元/站）				
				建筑工程费	设备购置费	安装工程费	其他费用	其中，建场费
10	220kV	A3-1 方案，本期 2×180MVA，GIS 半户内站；高压 2 回，中压 8 回，低压 8 回	9913	2551	4575	1240	1547	434
11		A3-3（240MVA）方案，本期 2×240MVA，GIS 半户内站；高压 4 回，中压 6 回，低压 12	10886	3157	5171	1032	1526	585
12		C-1 方案，本期 1×180MVA，AIS 户外站；高压 4 回，中压 6 回，低压 4 回	6564	1825	2481	1031	1227	471
13	110kV	A1-1 方案，本期 2×50MVA，GIS 户外站；高压 2 回，低压 24 回	3116	800	1419	471	426	119
14		A2-4（50MVA）方案，本期 2×50MVA，GIS 户内站；高压 2 回，低压 28 回	3844	1474	1358	470	542	152
15		A2-4（63MVA）方案，本期 2×63MVA，GIS 户内站；高压 2 回，低压 28 回	3715	1114	1493	458	650	294
16		A3-3（50MVA）方案，本期 2×50MVA，GIS 半户内站；高压 2 回，低压 24 回	3211	1091	1228	419	473	158
17		A3-3（63MVA）方案，本期 2×63MVA，GIS 半户内站；高压 2 回，低压 24 回	3287	1023	1349	490	425	71
18		C-8 方案，本期 2×50MVA，AIS 户外站；高压 2 回，中压 6 回，低压 16 回	2994	741	1295	561	397	131

表 3　架空线路通用设计方案工程概算参考价一览表

序号	电压等级	工程技术方案	静态投资（万元/km）	分项费用（万元/km）		
				本体费用	其他费用	其中，建场费
1	500kV	5B 方案，4×630 单回路	251	192	59	31
2		5E 方案，4×630 双回路	531	451	80	41
3		5C 方案，4×400 双回路	455	401	54	36
4	330kV	3A 方案，2×400 单回路	120	100	20	12
5		3A 方案，2×300 单回路	104	80	24	12
6		3J 方案，2×300 双回路	221	179	42	20
7	220kV	2C 方案，2×630 单回路	136	110	26	12
8		2F 方案，2×630 双回路	293	239	54	30
9		2B 方案，2×400 单回路	123	98	25	12
10		2E 方案，2×400 双回路	231	183	48	31
11		2A 方案，2×300 单回路	113	90	23	21
12		1×400 单回路	126	94	32	17
13		1×240 单回路	96	69	27	15

续表

序号	电压等级	工程技术方案	静态投资（万元/km）	分项费用（万元/km）		
				本体费用	其他费用	其中，建场费
14	110kV	1B 方案，1×400 单回路	80	61	19	11
15		1E 方案，1×400 双回路	158	124	34	21
16		1C 方案，2×300 单回路	86	70	16	7
17		1F 方案，2×300 双回路	187	142	45	29
18		1A 方案，1×300 单回路	86	68	18	9
19		1D 方案，1×300 双回路	155	123	32	18
20		1A 方案，1×240 单回路	75	60	15	6
21		1D 方案，1×240 双回路	123	97	26	16
22		1B 方案，2×240 单回路	83	63	20	11
23		1E 方案，2×240 双回路	171	138	33	18

表 4　架空线路通用设计方案工程预算参考价一览表

序号	电压等级	工程技术方案	静态投资（万元/km）	分项费用（万元/km）		
				本体费用	其他费用	其中，建场费
1	500kV	5B 方案，4×630 单回路	224	172	52	27
2		5E 方案，4×630 双回路	481	409	72	36
3		5C 方案，4×400 双回路	412	363	49	32

续表

序号	电压等级	工程技术方案	静态投资（万元/km）	分项费用（万元/km）		
				本体费用	其他费用	其中，建场费
4	330kV	3A 方案，2×400 单回路	112	93	19	11
5		3A 方案，2×300 单回路	98	75	23	11
6		3J 方案，2×300 双回路	206	167	39	18
7	220kV	2C 方案，2×630 单回路	127	102	25	11
8		2F 方案，2×630 双回路	276	225	51	28
9		2B 方案，2×400 单回路	115	92	23	11
10		2E 方案，2×400 双回路	217	172	45	28
11		2A 方案，2×300 单回路	106	85	21	19
12		1×400 单回路	116	87	29	16
13		1×240 单回路	90	65	25	14
14	110kV	1B 方案，1×400 单回路	77	59	18	10
15		1E 方案，1×400 双回路	152	119	33	20
16		1C 方案，2×300 单回路	83	68	15	7
17		1F 方案，2×300 双回路	178	134	44	27
18		1A 方案，1×300 单回路	78	62	16	8

续表

序号	电压等级	工程技术方案	静态投资（万元/km）	分项费用（万元/km）		
				本体费用	其他费用	其中，建场费
19	110kV	1D 方案，1×300 双回路	149	118	31	17
20		1A 方案，1×240 单回路	72	57	15	6
21		1D 方案，1×240 双回路	118	93	25	15
22		1B 方案，2×240 单回路	79	60	19	10
23		1E 方案，2×240 双回路	164	131	33	17

二、单位工程多维立体参考价

表 5　单位工程概算参考价一览表

序号	电压等级	工程技术方案描述	静态投资（万元）	分项费用（万元）			
				建筑工程费	设备购置费	安装工程费	其他费用
1	500kV	增减一台 1000MVA 主变（GIS）	5157	139	4024	443	551
2		增减一台 750MVA 主变（HGIS）	4352	145	3359	378	470
3		增减一台 1000MVA 主变（AIS）	4637	113	3299	730	495
4		增减一回 500kV 出线（GIS）	954	6	684	139	125

续表

序号	电压等级	工程技术方案描述	静态投资（万元）	分项费用（万元）			
				建筑工程费	设备购置费	安装工程费	其他费用
5	500kV	增减一回 500kV 出线（HGIS）	860	56	581	110	113
6		增减一回 500kV 出线（AIS）	667	38	348	189	92
7	330kV	增减一台 240MVA 主变	1572	157	992	141	282
8		增减一回 330kV 出线（HGIS）	658	19	457	99	83
9	220kV	增减一台 180MVA 主变（AIS）	1465	71	1036	200	158
10		增减一台 180MVA 主变（GIS）	1439	60	1087	132	160
11		增减一台 240MVA 主变（GIS）	1576	59	1235	111	171
12		增减一回 220kV 出线（AIS）	262	26	148	55	33
13		增减一回 220kV 出线（GIS）	283	6	217	30	30
14	110kV	增减一台 50MVA 主变（GIS）	511	41	357	51	62
15		增减一台 50MVA 主变（AIS）	466	38	321	47	60
16		增减一回 110kV 出线（GIS）	123	1	93	14	15
17		增减一回 110kV 出线（AIS）	87	8	50	17	12

表 6　单位工程预算参考价一览表

序号	电压等级	工程技术方案描述	静态投资（万元）	分项费用（万元）			
				建筑工程费	设备购置费	安装工程费	其他费用
1	500kV	增减一台 1000MVA 主变（GIS）	5006	94	4246	300	366
2		增减一台 750MVA 主变（HGIS）	4222	100	3544	260	318
3		增减一台 1000MVA 主变（AIS）	4481	85	3480	550	366
4		增减一回 500kV 出线（GIS）	919	4	735	96	84
5		增减一回 500kV 出线（HGIS）	826	41	625	80	80
6		增减一回 500kV 出线（AIS）	633	31	374	154	74
7	330kV	增减一台 240MVA 主变	1523	138	1018	124	243
8		增减一回 330kV 出线（HGIS）	635	14	490	72	59
9	220kV	增减一台 180MVA 主变（AIS）	1420	61	1054	172	133
10		增减一台 180MVA 主变（GIS）	1395	50	1105	110	130
11		增减一台 240MVA 主变（GIS）	1529	48	1256	90	135
12		增减一回 220kV 出线（AIS）	253	24	150	50	29
13		增减一回 220kV 出线（GIS）	275	5	220	25	25

续表

序号	电压等级	工程技术方案描述	静态投资（万元）	分项费用（万元）			
				建筑工程费	设备购置费	安装工程费	其他费用
14	110kV	增减一台 50MVA 主变（GIS）	488	30	377	37	44
15		增减一台 50MVA 主变（AIS）	445	28	339	35	43
16		增减一回 110kV 出线（GIS）	119	1	93	12	13
17		增减一回 110kV 出线（AIS）	84	7	50	16	11

四、建设〔2020〕45号《国网湖南电力建设部关于印发输变电工程差异化标准参考价（2020年版）的通知》

国网湖南电力建设部关于印发输变电工程差异化标准参考价（2020年版）的通知

建设〔2020〕45号

各市州供电公司，国网湖南经研院，国网湖南建设公司（咨询公司），国网湖南检修公司，湖南省送变电工程有限公司：

为进一步加强电网工程造价管理，提升精益化管理水平，建设部组织制定了公司输变电工程差异化标准参考价（2020年版）（简称“参考价”），现予以印发。有关事项通知如下。

一、参考价主要内容和应用说明

1．参考价是以国网公司“多维立体参考价”和公司历年工程结算实际数据为基础，综合考虑2018版定额水平变化、政策环境变化、设备材料价格变化、各地市地形地质特点等因素制定的技术经济指标体系，是公司执行国网公司“多维立体参考价”的细化举措。

2．本次发布的参考价涵盖了35kV～500kV省内常用的通用设计方案8类变电工程、9类架空线路工程的初步设计概算水平参考价格（详见附件）。

3．本次参考价采用国网公司2020年第一季度电网工程设备材料信息价，应用时，首先应按照当期设备材料信息价调整设备购置等相关费用，以调整后的水平作为相类似方案工程投资估算、初设概算、施工图预算编制与评审（审查）的参考标尺。

4．采用参考价对应通用设计方案的工程，按照参考价执行；工程技术方案规模不一致时，按照采用单位工程参考价进行调整后执行；未采用参考价对应的通用设计方案的工程，应按造价控制线水

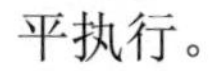

平执行。

二、有关要求

各单位要高度重视，在工程建设各阶段，充分用好参考价，做好造价管控工作，提升公司经营效益。

1．设计单位上报评审的设计文件，工程造价（费用）水平高于对应参考价造价水平10%的，设计文件中要增加专题论证材料。超过对应参考价水平10%以上的工程，要增加方案技术经济比选专篇；低于对应参考价水平10%以上的工程，也需方案技术经济比选专篇，说明该方案的充分必要性。

2．工程评审中，评审单位及项目业主要以参考价为宏观尺度，加强技术方案比选，合理控制工程造价。

3．参考价从印发之日起执行。

附件：湖南省电力有限公司输变电工程差异化标准参考价（2020年版）

国网湖南电力建设部

2020年8月7日

附件

湖南省电力有限公司输变电工程差异化标准参考价（2020年版）

一、通用设计方案工程标准参考价

（一）变电方案说明

500千伏B-5方案，本期2×1000MVA，HGIS户外站，高压4回，中压8回；

220千伏A2-4方案，本期2×240MVA，GIS户内站，高压4回，中压7回，低压28回；

220千伏A3-4方案，本期1×240MVA，GIS户内站，高压4回，中压7回，低压14回；

220千伏B-2方案，本期1×240MVA，AIS户外站，高压4回，中压6回，低压14回；

110千伏C-8方案，本期1×50MVA，AIS户外站，高压2回，中压3回，低压8回；

110千伏A2-4方案，本期1×63MVA，GIS户内站，高压2回，低压14回；

110千伏A2-5方案，本期2×63MVA，GIS户内站，高压2回，低压32回；

35千伏E3-1方案，1×10MVA，高压2回，低压6回。

表1　变电通用设计方案工程分地区概算水平参考价一览表

单位：万元

地区	电压等级	通用设计方案	静态投资	建筑工程费	设备购置费	安装工程费	其他费用	其中：建场费
全省	500	B-5	32828	10736	10748	3758	7586	4157

续表

地区	电压等级	通用设计方案	静态投资	建筑工程费	设备购置费	安装工程费	其他费用	其中：建场费
长沙	220	A2-4	14800	4962	5813	1788	2237	524
		A3-4	12942	4822	4227	1714	2179	614
		B-2	9917	2393	3549	1758	2217	1052
	110	C-8	3083	873	1090	396	724	327
		A2-4	3996	1467	1237	502	790	314
		A2-5	5092	2078	1531	488	996	304
	35	E3-1	1214	398	415	129	272	92
株洲	220	A2-4	14644	4928	5813	1788	2115	408
		A3-4	12767	4789	4227	1714	2037	477
		B-2	9657	2376	3549	1758	1974	819
	110	C-8	3000	863	1090	396	651	259
		A2-4	3917	1453	1237	502	726	255
		A2-5	5010	2063	1531	488	928	241
	35	E3-1	1188	392	415	129	251	72
湘潭	220	A2-4	14644	4928	5813	1788	2115	408
		A3-4	12767	4789	4227	1714	2037	477
		B-2	9657	2376	3549	1758	1974	819
	110	C-8	2989	853	1090	396	650	259
		A2-4	3913	1450	1237	502	725	255
		A2-5	5010	2063	1531	488	928	241
	35	E3-1	1188	392	415	129	251	72
衡阳	220	A2-4	13706	4074	5813	1788	2030	326
		A3-4	11838	3959	4227	1714	1937	382
		B-2	9074	1965	3549	1758	1803	655
	110	C-8	2817	731	1090	396	600	211
		A2-4	3676	1256	1237	502	682	214
		A2-5	4573	1680	1531	488	875	196
	35	E3-1	1106	325	415	129	236	57

续表

地区	电压等级	通用设计方案	静态投资	建筑工程费	设备购置费	安装工程费	其他费用	其中：建场费
邵阳	220	A2-4	13694	4074	5813	1788	2018	315
		A3-4	11823	3959	4227	1714	1923	368
		B-2	9050	1965	3549	1758	1779	631
	110	C-8	2798	722	1090	396	590	204
		A2-4	3649	1239	1237	502	671	208
		A2-5	4583	1693	1531	488	871	190
	35	E3-1	1098	320	415	129	234	55
岳阳	220	A2-4	13726	4033	5813	1788	2091	384
		A3-4	11859	3920	4227	1714	2008	450
		B-2	9177	1945	3549	1758	1925	772
	110	C-8	2846	724	1090	396	635	245
		A2-4	3693	1243	1237	502	711	244
		A2-5	4589	1663	1531	488	908	228
	35	E3-1	1112	321	415	129	247	67
常德	220	A2-4	13689	4033	5813	1788	2055	350
		A3-4	11827	3920	4227	1714	1966	409
		B-2	9104	1945	3549	1758	1852	702
	110	C-8	2811	714	1090	396	611	225
		A2-4	3675	1243	1237	502	693	226
		A2-5	4569	1663	1531	488	888	209
	35	E3-1	1100	315	415	129	240	61
益阳	220	A2-4	13689	4033	5813	1788	2055	350
		A3-4	11827	3920	4227	1714	1966	409
		B-2	9104	1945	3549	1758	1852	702
	110	C-8	2813	717	1090	396	610	225
		A2-4	3675	1243	1237	502	693	226
		A2-5	4569	1663	1531	488	888	209
	35	E3-1	1097	312	415	129	240	61

续表

地区	电压等级	通用设计方案	静态投资	建筑工程费	设备购置费	安装工程费	其他费用	其中：建场费
张家界	220	A2-4	14016	4396	5813	1788	2018	315
		A3-4	12142	4278	4227	1714	1923	368
		B-2	9309	2224	3549	1758	1779	631
	110	C-8	2838	756	1090	396	595	204
		A2-4	3712	1295	1237	502	678	208
		A2-5	4738	1848	1531	488	872	190
	35	E3-1	1140	362	415	129	234	55
郴州	220	A2-4	13694	4074	5813	1788	2018	315
		A3-4	11823	3959	4227	1714	1923	368
		B-2	9050	1965	3549	1758	1779	631
	110	C-8	2787	714	1090	396	588	204
		A2-4	3652	1241	1237	502	672	208
		A2-5	4577	1688	1531	488	870	190
	35	E3-1	1094	316	415	129	234	55
永州	220	A2-4	13694	4074	5813	1788	2018	315
		A3-4	11823	3959	4227	1714	1923	368
		B-2	9050	1965	3549	1758	1779	631
	110	C-8	2792	717	1090	396	588	204
		A2-4	3652	1241	1237	502	672	208
		A2-5	4577	1688	1531	488	870	190
	35	E3-1	1091	313	415	129	234	55
怀化	220	A2-4	13694	4074	5813	1788	2018	315
		A3-4	11823	3959	4227	1714	1923	368
		B-2	9050	1965	3549	1758	1779	631
	110	C-8	2804	727	1090	396	591	204
		A2-4	3652	1241	1237	502	672	208
		A2-5	4587	1697	1531	488	872	190
	35	E3-1	1101	322	415	129	234	55

续表

地区	电压等级	通用设计方案	静态投资	建筑工程费	设备购置费	安装工程费	其他费用	其中：建场费
娄底	220	A2-4	13694	4074	5813	1788	2018	315
		A3-4	11823	3959	4227	1714	1923	368
		B-2	9050	1965	3549	1758	1779	631
	110	C-8	2790	716	1090	396	588	204
		A2-4	3652	1241	1237	502	672	208
		A2-5	4577	1688	1531	488	870	190
	35	E3-1	1093	315	415	129	234	55
湘西	220	A2-4	14216	4396	5813	1788	2018	315
		A3-4	12142	4278	4227	1714	1923	368
		B-2	9309	2224	3549	1758	1779	631
	110	C-8	2847	765	1090	396	596	204
		A2-4	3712	1295	1237	502	678	208
		A2-5	4738	1848	1531	488	872	190
	35	E3-1	1140	362	415	129	234	55

（二）线路方案说明

500 千伏 5B 方案：4×630 单回路；

500 千伏 5E 方案：4×630 双回路；

220 千伏 2B 方案：2×400 单回路；

220 千伏 2E 方案：2×400 双回路；

220 千伏 2C 方案：2×630 单回路；

220 千伏 2F 方案：2×630 双回路；

110 千伏 1C 方案：2×300 单回路；

110 千伏 1D 方案：1×300 双回路；

110 千伏 1F 方案：2×300 双回路；

35 千伏 35G 方案：1×150 单回路。

表 2　线路通用设计方案工程分地区概算水平参考价一览表

单位：万元/km

地区	电压等级	工程技术方案	静态投资	分项费用		
				本体费用	其他费用	其中：建场费
全省	500kV	5B	363	299	64	35
		5E	616	485	131	57
长沙	220kV	2B	141	112	29	16
		2E	276	218	58	27
		2C	179	145	34	16
		2F	372	294	78	33
	110kV	1C	110	86	24	13
		1D	173	138	35	17
		1F	213	171	42	18
	35kV	35G	67	50	17	7
株洲	220kV	2B	131	105	26	14
		2E	260	207	53	23
		2C	167	136	31	14
		2F	355	284	71	27
	110kV	1C	105	81	24	13
		1D	166	131	35	16
		1F	205	165	40	17
	35kV	35G	62	48	14	5
湘潭	220kV	2B	133	105	28	16
		2E	264	207	57	27
		2C	169	136	33	16
		2F	361	284	77	33
	110kV	1C	105	81	24	13
		1D	166	131	35	16
		1F	205	165	40	17
	35kV	35G	61	46	15	6

续表

地区	电压等级	工程技术方案	静态投资	分项费用		
				本体费用	其他费用	其中：建场费
衡阳	220kV	2B	127	101	26	15
		2E	252	199	53	25
		2C	161	130	31	15
		2F	347	275	72	29
	110kV	1C	102	81	21	10
		1D	158	126	32	13
		1F	199	163	36	13
	35kV	35G	60	45	15	6
邵阳	220kV	2B	124	101	23	12
		2L	245	199	46	17
		2C	157	130	27	12
		2F	337	275	62	19
	110kV	1C	99	79	20	10
		1 D	157	125	32	16
		1F	197	159	38	16
	35kV	35G	59	46	13	5
岳阳	220kV	2B	132	106	26	15
		2E	265	211	54	24
		2C	169	138	31	15
		2F	358	286	72	28
	110kV	1C	107	85	22	11
		1D	167	132	35	15
		1F	202	163	39	16
	35kV	35G	64	49	15	6
常德	220kV	2B	132	106	26	15
		2E	265	211	54	24
		2C	169	138	31	15
		2F	358	286	72	28

续表

地区	电压等级	工程技术方案	静态投资	分项费用		
				本体费用	其他费用	其中：建场费
常德	110kV	1C	107	86	21	10
		1D	166	133	33	13
		1F	203	167	36	13
	35kV	35G	64	49	15	6
益阳	220kV	2B	132	106	26	15
		2E	265	211	54	24
		2C	169	138	31	15
		2F	358	286	72	28
	110kV	1C	106	85	21	10
		1D	166	133	33	13
		1F	202	166	36	13
	35kV	35G	64	49	15	6
张家界	220kV	2B	126	103	23	11
		2E	255	209	46	17
		2C	163	135	28	11
		2F	342	280	62	18
	110kV	1C	103	82	21	10
		1D	163	130	33	13
		1F	203	167	36	13
	35kV	35G	62	47	15	6
郴州	220kV	2B	127	103	24	12
		2E	250	202	48	19
		2C	160	132	28	12
		2F	343	279	64	21
	110kV	1C	102	81	21	10
		1D	159	127	32	13
		1F	200	164	36	13
	35kV	35G	60	47	13	5

续表

地区	电压等级	工程技术方案	静态投资	分项费用		
				本体费用	其他费用	其中：建场费
永州	220kV	2B	124	101	23	12
		2E	245	198	47	19
		2C	158	130	28	12
		2F	337	273	64	21
	110kV	1C	99	79	20	10
		1D	156	125	31	12
		1F	197	162	35	12
	35kV	35G	60	46	14	5
怀化	220kV	2B	124	101	23	12
		2E	251	203	48	19
		2C	161	133	28	12
		2F	341	277	64	21
	110kV	1C	99	81	18	10
		1D	157	127	30	12
		1F	197	162	35	12
	35kV	35G	60	46	14	5
娄底	220kV	2B	124	101	23	12
		2E	245	198	47	19
		2C	158	130	28	12
		2F	337	273	64	21
	110kV	1C	99	79	20	10
		1D	156	125	31	12
		1F	197	162	35	12
	35kV	35G	60	46	14	5
湘西	220kV	2B	129	106	23	11
		2E	255	209	46	17
		2C	163	135	28	11
		2F	337	276	61	18

续表

地区	电压等级	工程技术方案	静态投资	分项费用		
				本体费用	其他费用	其中：建场费
湘西	110kV	1C	103	82	21	10
		1D	163	130	33	13
		1F	203	167	36	13
	35kV	35G	62	47	15	6

二、单位工程标准参考价

表 3　单位工程概算水平参考价一览表

单位：万元

电压等级	工程技术方案	静态投资	分项费用			
			建筑工程费	设备购置费	安装工程费	其他费用
500kV	增减一台 1000MVA 主变（GIS）	5167	109	4275	349	434
	增减一台 750MVA 主变（HGIS）	4360	116	3568	301	375
	增减一台 1000MVA 主变（AIS）	4645	96	3504	622	422
	增减一回 500kV 出线（GIS）	920	4	713	107	96
	增减一回 500kV 出线（HGIS）	830	45	606	88	91
	增减一回 500kV 出线（AIS）	644	33	363	166	81
220kV	增减一台 180MVA 主变（AIS）	1484	68	1073	192	152
	增减一台 180MVA 主变（GIS）	1458	57	1126	125	151
	增减一台 240MVA 主变（GIS）	1596	55	1279	103	159
	增减一回 220kV 出线（AIS）	268	26	154	55	33
	增减一回 220kV 出线（GIS）	289	6	226	29	29
110kV	增减一台 63MVA 主变（GIS）	537	36	401	46	54
	增减一台 50MVA 主变（GIS）	499	34	371	42	52
	增减一台 50MVA 主变（AIS）	456	32	334	40	50
	增减一回 110kV 出线（GIS）	123	1	94	14	15
	增减一回 110kV 出线（AIS）	87	8	51	17	12

五、建设〔2020〕36号《国网湖南电力建设部关于进一步规范输变电拆除工程费用计列的通知》

国网湖南电力建设部关于进一步规范输变电拆除工程费用计列的通知

建设〔2020〕36号

各市州供电公司，国网湖南经研院，湖南省送变电工程有限公司，国网湖南建设公司（咨询公司）：

为进一步加强公司35千伏及以上电网基建投资工程（特高压除外）拆除工程费用的管理，依法合规推进电网建设，现就拆除工程费用计列方法通知如下。

一、总体原则

（一）拆除工程范畴执行《国家电网有限公司废旧物资管理办法》（国家电网企管〔2018〕914号）、《国家电网有限公司报废物资处置管理细则》（国家电网企管〔2018〕914号）等规定，以审定的拆除工程方案为准。

（二）拆除工程费用执行《电网工程建设预算编制与计算规定（2018年版）》《电力建设工程概算定额（2018年版）》《电网建设工程预算定额（2018年版）》规定。

二、线路工程

（一）材料运输费

根据《电网工程建设预算编制与计算规定（2018年版）》规定，余物清理费费率中已包含运距在5公里以内的运输费用。

拆除材料回收至废旧物资仓库运距超过5公里的，超出部分计列汽车运输费用。运输费用参照设备运输费，按拆除材料原值乘以运杂费费率，运杂费费率按《电网工程建设预算编制与计算规定（2018 年版）》中设备运杂费章节有关规定计列。

拆除工程电杆、非标件、铁塔、导线计列人力运输费用。

（二）拆除工程带电跨越电力线措施费

拆除工程带电跨越电力线措施费按照《国网湖南电力建设部关于进一步加强基建跨越配网线路停电管理的通知》（建设〔2020〕27 号）中新建工程的计列原则，在初步设计阶段应确定每处跨越的具体施工方案，并根据审定的实施方案在概算中计列措施费。

（三）拆除工程跨越公路、铁路措施费

拆除工程跨越公路、铁路措施费按新建工程跨越措施费用标准控制，依据施工方案以及项目法人与被跨越物产权部门签订的合同或达成的补偿协议据实结算。

（四）拆除工程青苗补偿费用

拆除工程青苗补偿职责划分执行《国网湖南省电力有限公司关于印发主电网建设属地化管理办法的通知》（湘电公司建设〔2019〕312 号）。拆除造成的青苗赔偿费用按实际青苗赔偿数量和工程所在地人民政府规定的赔偿标准计列。

（五）特殊方案费用

因施工环境、运行要求等原因，线路拆除需采用特殊方案的，在初步设计阶段应编制详细的拆除方案，按审定方案计列费用。

三、变电工程

（一）设备运输费

拆除设备进行施工现场仓库实物交接时，不再单独考虑设备返库运输费。

拆除设备进行物资仓库实物交接且运距超过 5 公里的，超出部分计列汽车运输费用。

拆除设备的运输费用按拆除设备原值乘以设备运杂费费率，设备运杂费费率按《电网工程建设预算编制与计算规定（2018 年版）》

中设备运杂费章节有关规定计列。

（二）卸车及保管费用

根据《电网工程建设预算编制与计算规定（2018年版）》规定，余物清理费费率中已包含装卸费用，不再单独计列拆除设备的卸车及保管费用。

（三）特殊方案费用

因运行要求等原因，设备拆除需采用特殊方案的，在初步设计阶段应编制详细的拆除方案，按审定方案计列费用。

（四）其他说明

可研阶段明确需利旧其他工程拆除设备的工程，可根据实际情况、设计方案和依据材料，计列设备由物资仓库运输至该工程场地的费用、检测试验费、设备厂家配合服务费等。

工程各参建单位和结算审核单位应加强审查，严格把关，确保各项费用计列依据真实准确，依法合规。

国网湖南电力建设部

2020年6月9日

六、建设〔2019〕118号《国网湖南电力建设部关于输电线路工程应用航测数字技术的通知》

国网湖南电力建设部关于输电线路工程应用航测数字技术的通知

建设〔2019〕118号

国网湖南经研院，国网湖南建设公司，各市州供电公司：

为落实《国家电网有限公司关于全面应用输变电工程三维设计及建设工程数据中心的意见》（国家电网基建〔2018〕585号），公司决定在110～500千伏新建输电线路工程全面应用航测数字技术，有关要求通知如下。

一、工作职责

（一）公司建设部职责

归口输电线路航测工作，负责航测标准技术管理，监督相关单位按照公司要求应用航测数字化技术成果。负责组织航测数字技术服务年度定点招标。

（二）公司发展部职责

与建设部共同负责航测标准技术管理，监督相关单位在房屋拆迁量大的500千伏线路工程、现场情况复杂的其他线路工程可研阶段应用航拍数字技术。

（三）建设管理单位职责

1．省建设公司负责所辖220千伏、500千伏线路航测工作管理；各市州公司负责所辖110千伏、220千伏线路航测工作管理。

2．建设管理单位督促设计单位在路径优化和三维设计中应用数字化航测成果。

3．负责与航测数字技术服务中标单位签订合同，负责合同管理、成效评价、航测费用支付等。

（四）航测服务单位职责

1．提供外控调绘，按照规程规范要求进行像控点的布置和采集，调绘路径中心两侧各300米范围内关键地物信息。

2．提供航测飞行，报送批文，调机，军区、民航航空协调等工作，航带宽度应不小于2千米，线路转角点与航带边缘距离不小于400米，数码影像地面分辨率不低于0.2米。

3．提供航测成果，空三加密成果、数字高程模型（采样间隔不大于10米）、数字正射影像地形图（比例尺不小于1:10000），对航摄过程中出现的问题，进行及时补摄或重摄。

4．提供三维选线平台和优化选线支撑人员，满足至少3家设计单位同时开展集中设计的需要，满足施工图设计优化的需求。

5．提交三维选线成果，包括优化路径正射影像路径图、转角成果表、选线后路径平断面数据（100米带宽）、路径优化报告及其他三维设计需要的成果等资料。

6．提供三维可视化平台，辅助设计检查与评审，配合落实评审专家意见，根据工程管理需要制作工程概貌图、工程指挥图等数字成果。

7．提供与建设管理相关的其他技术服务。

（五）设计单位职责

1．负责在路径优化和三维设计中全面应用航测数字技术成果；负责对航测数字技术成果和服务质量进行确认。

2．提供审定线路路径图，比例尺宜为1:50000。

3．协助提供航测单位进行外控调绘必需的所有资料。

4．进行路径优化、杆塔规划和杆塔排位工作。

5．提供航测单位进行辅助设计与管理的所必须的所有资料。

二、航测项目及服务单位

（一）航测项目

110～500千伏电压等级线路，单条线路路径长度不小于20千米，或输变电工程项目内多条线路路径长度累计不小于20千米，或通道走廊紧张的输电线路工程以及“三跨”段线路，要求应用航测数字技术。

（二）服务单位

公司通过年度定点招标确定航测服务单位。由建设管理单位与航测服务单位签订航测数字技术服务合同。合同金额以中标单位的中标价（或下浮比例）为基准价，根据线路工程地区类别进行计算。

三、费用计列原则

（一）取费标准

根据《关于发布“输变电工程应用海拉瓦技术取费标准”的通知》（国家电网电定〔2010〕36号），在“勘察设计费”中单独计列“航测数字技术服务费”。根据地区分类的计价标准如下：

500千伏输电线路工程航测数字技术服务费为：Ⅰ、Ⅱ类地区5252元/公里，Ⅲ类地区6973元/公里，Ⅳ类地区8763元/公里；

220千伏输电线路工程航测数字技术服务费为：Ⅰ、Ⅱ类地区4352元/公里，Ⅲ类地区5276元/公里，Ⅳ类地区6326元/公里；

110千伏输电线路工程航测数字技术服务费为：Ⅰ、Ⅱ类地区4049元/公里，Ⅲ类地区4770元/公里，Ⅳ类地区5612元/公里。

（二）计列原则

结合航测数字技术服务的工程范围和服务内容，航测数字技术服务费在工程可研估算、初设概算中计列。初设概算已经批复、需要开展航测数字技术服务的，费用在预备费中开支。

四、有关工作要求

1．对于尚未开展初步设计的项目，航测技术服务单位应提供满足初步设计深度和三维设计深度要求的航测技术成果；在施工图设计开始前，提供满足施工图设计深度要求的航测技术成果。

2．对于正在开展初步设计的项目，航测技术服务单位应及时提供满足初步设计辅助设计和三维设计深度要求的航测技术成果；在施工图设计开始前，提供满足施工图设计深度要求的航测技术成果。

3. 对于已经完成初步设计的项目，航测技术服务单位应在施工图设计开始前，提供满足施工图设计深度要求的航测技术成果。

4. 对于计划 2020 年开工、正在进行施工图设计的项目，不再开展航测相关工作。

5. 本通知自发布之日起实施。

国网湖南电力建设部

2019 年 11 月 27 日

七、国家电网电定〔2014〕19号《关于印发国家电网公司输变电工程勘察设计费概算计列标准（2014年版）的通知》

关于印发国家电网公司输变电工程勘察设计费概算计列标准（2014年版）的通知

国家电网电定〔2014〕19号

公司系统各电力建设定额站：

为全面落实国家、行业和公司关于工程勘察设计有关规定精神，进一步提升国家电网公司系统输变电工程建设和管理水平，充分体现输变电工程勘察设计工作规律与特点，发挥设计单位积极性和创造性，促进设计优化和技术创新，进一步规范输变电工程勘察设计费计算工作，国家电网公司电力建设定额站组织相关单位修订了《国家电网公司输变电工程勘察设计费概算计列标准（2014年版）》，并广泛征求相关部门和单位意见。为做好新的勘察设计费计列标准应用工作，现将有关事项通知如下：

1. 新的勘察设计费计列标准根据国家有关设计取费办法，考虑了“三通一标”深化应用和工程主设备、材料价格波动等因素，加入激励调整方法，合理确定设计取费。

2. 自2014年10月1日起，公司系统输变电工程严格按照《国家电网公司输变电工程勘察设计费概算计列标准（2014年版）》执行。

3. 截至2014年9月30日，已经完成初步设计评审收口或批复的输变电工程仍按照原计列标准执行。

请各单位在应用中及时提出修改意见和建议。

附件1：国家电网公司输变电工程勘察设计费概算计列标准（2014年版）

国家电网公司电力建设定额站

2014年9月1日

附件 1

国家电网公司输变电工程勘察设计费概算计列标准（2014 年版）

主编单位：国家电网公司电力建设定额站
参编单位：电力规划设计总院
国网北京经济技术研究院

主要审查人：丁广鑫 蔡敬东 吕世森 苏朝晖 董士波
温卫宁 朱天浩 张平利 樊海荣 吴小颖
主要编写人：刘 薇 何 波 崔万福 唐易木 汪亚平
王 建 夏 波 张新洁 陈海焱 李龙飞
颜世海 丁政中 熊 煌 丘 凌 居 勇
李园园 冀凯琳

第一章　总　　则

第一条　为全面落实国家、行业关于工程勘察设计有关规定的精神，充分体现输变电工程勘察设计工作的规律与特点，进一步规范输变电工程勘察设计费计算工作，依据《工程勘察设计收费管理规定》（计价格〔2002〕10号，以下简称“十号文”），结合公司工程管理实际，制定本标准。

第二条　本标准用于指导输变电工程勘察设计费的概算编制，由设计单位负责计算勘察设计费。

第三条　本标准适用于国家电网公司系统投资的35～1000千伏交流变电、线路工程，±800千伏及以下直流工程，以及系统通信工程等。其他电压等级及类似工程可参照使用。

（一）交流变电工程包括新建、改扩建变电站、开关站以及串联补偿、静止补偿等专项工程。

（二）交流线路工程包括架空线路和电缆线路工程。

（三）直流工程包括换流站、接地极、安稳系统和直流线路工程。

（四）通信工程包括电力通信光缆工程、电力通信光设备工程。

第二章　勘察费的计算方法

第四条　应用海拉瓦航拍技术的输电线路工程，取消量测房屋分布及全数字摄影测量系统优化路径附加调整系数。

第五条　线路路径长度不足5km，按5km进行收费；5km以上按实际长度计算；同一输变电工程中，多条π接或改接线路勘测半径在5km以内按线路累计长度计算。

第六条　除本章以上规定外勘察费用遵照十号文的方法计取。

第三章　设计费的计算方法

第七条　输变电工程设计费由基本设计费和其他设计费组成，

按下式计算。

工程设计费＝基本设计费＋其他设计费

（一）基本设计费是指在工程设计中提供编制初步设计文件、施工图设计文件收取的费用，并相应提供设计技术交底、解决施工中的设计技术问题、参加试车考核和竣工验收等服务。

（二）其他设计费包括总体设计费、施工图预算编制费、竣工图编制费等。

第八条 基本设计费计算按设计费计费额累进计费。

第九条 设计费计费额。

（一）设计费计费额的组成。

1. 变电工程设计费计费额由建筑工程费计费额、设备购置费计费额、安装工程费计费额构成，按下式计算。

变电工程设计费计费额＝建筑工程费计费额＋设备购置费计费额＋安装工程费计费额

2. 线路工程设计费计费额，按本体工程费计费额计取。

3. 非隧道敷设电缆工程设计费计费额，由安装工程费计费额、设备购置费计费额、建筑工程费计费额构成，按下式计算。

非隧道敷设电缆工程设计费计费额＝安装工程费计费额＋设备购置费计费额＋建筑工程费计费额

4. 隧道敷设电缆工程土建部分单独计费，电气部分设计费计费额由安装工程费计费额、设备购置费计费额构成，按下式计算。

隧道敷设电缆工程电气部分设计费计费额＝安装工程费计费额＋设备购置费计费额

（二）变电、电缆工程中的设备购置费计费额，以及线路工程中的本体工程计费额，根据设备材料数量、设备材料概算价格和《输变电工程主要设备材料设计费计费价格目录》（附件1-1）确定。

1. 概算列计价格高于计费价格目录的设备材料，按照计费价格目录标示价格列计。

2．概算列计价格低于计费价格目录标示价格的设备材料，按照概算价格列计。

3．编制基准期价差不作为取费基数。

（三）　建筑工程费计费额、安装工程费计费额均按照概算中建筑工程费、安装工程费计列。编制基准期价差不作为取费基数。

第十条　累进计费。

（一）交流变电工程、接地极工程按照下表对设计费计费额进行分段累进计算基本设计费。

电压等级	设计费计费额区间（万元）	累进费率
1000 千伏	20000 以下（含 20000）	3.148%
	20000 至 50000（含 50000）	2.658%
	50000 至 80000（含 80000）	2.501%
	80000 至 140000（含 140000）	2.326%
	140000 至 200000（含 200000）	2.286%
	200000 以上	2.125%
750 千伏	4000 以下（含 4000）	4.618%
	4000 至 8000（含 8000）	2.962%
	8000 至 30000（含 30000）	2.610%
	30000 至 50000（含 50000）	2.426%
	50000 至 70000（含 70000）	2.319%
	70000 以上	2.237%
500 千伏	1000 以下（含 1000）	5.354%
	1000 至 5000（含 5000）	3.090%
	5000 至 17000（含 17000）	2.766%
	17000 至 25000（含 25000）	2.564%
	25000 至 40000（含 40000）	2.494%
	40000 以上	2.331%
330 千伏	800 以下（含 800）	4.746%
	800 至 3000（含 3000）	2.777%
	3000 至 10000（含 10000）	2.555%

续表

电压等级	设计费计费额区间（万元）	累进费率
330 千伏	10000 至 20000（含 20000）	2.332%
	20000 至 30000（含 30000）	2.169%
	30000 以上	2.060%
220 千伏	500 以下（含 500）	5.016%
	500 至 2000（含 2000）	2.853%
	2000 至 4500（含 4500）	2.761%
	4500 至 6500（含 6500）	2.575%
	6500 至 10000（含 10000）	2.493%
	10000 以上	2.250%
110 千伏	200 以下（含 200）	4.590%
	200 至 800（含 800）	2.728%
	800 至 1500（含 1500）	2.530%
	1500 至 2500（含 2500）	2.459%
	2500 至 4000（含 4000）	2.335%
	4000 以上	2.142%
66 千伏	100 以下（含 100）	4.590%
	100 至 800（含 800）	2.879%
	800 至 1500（含 1500）	2.530%
	1500 至 2500（含 2500）	2.459%
	2500 以上	1.967%
35 千伏	50 以下（含 50）	4.590%
	50 至 500（含 500）	3.093%
	500 至 1000（含 1000）	2.708%
	1000 至 2000（含 2000）	2.459%
	2000 以上	1.967%

（二）直流换流站工程按照下表对设计费计费额进行分段累进计算基本设计费。

设计费计费额区间（万元）	累进费率
80000 以下（含 80000）	2.368%
80000 至 100000（含 100000）	2.094%
100000 至 200000（含 200000）	1.989%
200000 至 400000（含 400000）	1.849%
400000 以上	1.480%

（三）　交直流架空线路按照下表对设计费计费额进行分段累进计算基本设计费。

电压等级	设计费计费额区间（万元）	累进费率
1000 千伏	300000 以下（含 300000）	2.693%
	300000 至 400000（含 400000）	2.429%
	400000 以上	2.258%
±800 千伏	400000 以下（含 400000）	2.284%
	400000 至 600000（含 600000）	1.999%
	600000 以上	1.269%
750 千伏	10000 以下（含 10000）	3.366%
	10000 至 30000（含 30000）	2.791%
	30000 至 60000（含 60000）	2.594%
	60000 至 90000（含 90000）	2.435%
	90000 以上	1.948%
500 千伏	4000 以下（含 4000）	3.695%
	4000 至 12000（含 12000）	3.083%
	12000 至 25000（含 25000）	2.815%
	25000 至 40000（含 40000）	2.691%
	40000 以上	2.152%
330 千伏	2000 以下（含 2000）	3.423%
	2000 至 8000（含 8000）	2.853%
	8000 至 20000（含 20000）	2.538%
	20000 以上	2.030%

续表

电压等级	设计费计费额区间（万元）	累进费率
220 千伏	1000 以下（含 1000）	3.725%
	1000 至 5000（含 5000）	3.003%
	5000 至 15000（含 15000）	2.611%
	15000 以上	2.088%
110 千伏	500 以下（含 500）	3.411%
	500 至 2000（含 2000）	2.742%
	2000 至 6000（含 6000）	2.472%
	6000 以上	1.978%
66 千伏	400 以下（含 400）	3.455%
	400 至 1000（含 1000）	2.975%
	1000 至 1800（含 1800）	2.653%
	1800 以上	2.122%
35 千伏	200 以下（含 200）	3.672%
	200 至 600（含 600）	3.159%
	600 至 1000（含 1000）	2.921%
	1000 以上	2.337%

注：±500 千伏直流输电线路工程按照 500 千伏交流输电线路工程累进费率执行。

（四）非隧道敷设电缆工程和隧道敷设电缆工程电气部分按照下表对设计费计费额进行分段累进计算基本设计费。

设计费计费额区间（万元）	修编后累进费率
2000 以下（含 2000）	3.64%
2000 至 5000（含 5000）	3.15%
5000 至 10000（含 10000）	2.87%
10000 至 20000（含 20000）	2.67%
20000 以上	2.14%

（五）新建隧道敷设电缆工程土建部分按照下表对设计费计费额进行分段累进计算基本设计费。

电压等级	设计费计费额区间（万元）	累进费率
500 千伏	12000 至 20000（含 20000）	2.531%
	20000 至 40000（含 40000）	2.353%
	40000 至 80000（含 80000）	2.188%
	80000 以上	2.093%
220 千伏	1000 以下（含 1000）	3.259%
	1000 至 5000（含 5000）	2.627%
	5000 至 12000（含 12000）	2.320%
	12000 至 20000（含 20000）	2.201%
	20000 至 40000（含 40000）	2.047%
	40000 以上	1.903%
110 千伏及以下	1000 以下（含 1000）	2.770%
	1000 至 5000（合 5000）	2.233%
	5000 至 12000（含 12000）	1.971%
	12000 至 20000（含 20000）	1.871%
	20000 至 40000（含 40000）	1.740%
	40000 以上	1.617%

第十一条　其他设计费的相关规定

（一）总体设计费按照该建设项目基本设计费的 5%加收总体设计费。

（二）施工图预算编制费按照该建设项目基本设计费的 10%计列。

（三）竣工图编制费按照该建设项目基本设计费的 8%计列。

第十二条　直流工程成套设计费。

（一）直流工程系统研究及成套设计工作包括编制功能规范书、系统研究、编写设备成套设计书和设备采购规范等内容。

（二）直流变电工程的成套设计费按以下标准计列。

1．±500kV 按每个换流站 1500 万元的标准计列；

2．±660kV 按每个换流站 1800 万元的标准计列；

3．±800kV 按每个换流站 3300 万元的标准计列，提升容量上浮 20%、交流侧分层接入 750kV 上浮 30%、交流侧分层接入 1000kV 上浮 40%（单个换流站既提升容量又分层接入，只计最高上浮比例，不累计计算）；提升容量或交流侧分层接入的首个换流站工程因需外方技术支持，再上浮 20%，同类型第二个换流站工程不再上浮。

第十三条 改扩建工程设计费。

（一）改扩建工程设计费的计算参照新建工程的计算方法，并对设计难度进行调整，调整系数为 0.8～1.2，按下式计算。

改扩建工程设计费＝设计费计费额累进计费计算结果×调整系数

（二）凡是已有整套设计资料，具有完整布置图，土建、安装部分图纸齐全的扩建工程，调整系数取 0.8～1；其他改扩建设计费的调整系数取 1～1.2。

第四章 勘察设计费激励调整方法

第十四条 为提高工程建设和管理水平，充分发挥设计单位的主观能动性，促进设计优化和技术创新，鼓励创建优质工程，形成对设计工作奖优罚劣的机制，制定本办法。本办法适用于国家电网公司及其所属单位投资的 220kV 及以上交直流输电工程。

第十五条 工作职责

公司总部基建部的主要职责是：

（一）负责建立公司系统输变电工程设计激励约束机制，并制定相关管理办法；

（二）负责指导和监督输变电工程设计激励约束机制的实施；

（三）负责协调设计激励约束机制实施工作中的重大争议。

省公司建设部主要职责是：

（一）对设计单位在初步设计阶段的设计进度、质量、工作配合等方面进行评价，并负责制定所辖范围内初步设计后续工作的激励办法；

（二）负责落实输变电工程设计激励办法的评价结果。

业主项目部的主要职责是：

（一）配合输变电工程设计激励工作的日常管理；

（二）配合输变电工程设计激励评价工作。

招投标管理部门在输变电工程设计招标实施过程中贯彻落实激励措施。

初步设计评审单位（以下简称"评审单位"）根据本办法规定的评价内容和评价要素，对设计单位在初步设计阶段的各项工作做出客观的评价。

第十六条　实施方法

（一）设计激励包括以下几个方面内容：

1．在初步设计阶段，对初步设计工作进行评价，在批准概算中根据设计费评价调整系数调整设计费；或对设计合同金额进行相应幅度调整。与批准概算设计费直接挂钩的合同应避免重复调整。

2．在施工图设计和现场服务阶段．对设计及其配合工作进行评价，根据评价结果和设计合同条款，调整设计费结算金额。

3．获得省（部）级及以上优秀设计奖的工程，在后续工程评标时，对其设计单位的商务标给予考虑，同时各项目法人单位可自行对设计单位予以奖励。

（二）初步设计阶段的评价要素包括扣分要素、加分要素、重大创新要素和特殊要素（具体的要素构成、得分条件见附件 1-2、附件 1-3）。

1．扣分要素分取值范围为－20～0 分；

2．加分要素分取值范围是 0～20 分；

3．总分值的控制下限是－20 分，控制上限是 20 分（不包括重大的创新和优化及特殊要素）；

4．重大的创新和优化，根据工程具体情况另行处理；

5．特殊要素根据工程具体情况确定，取值范围为设计费计算值10%范围以内。

（三）初步设计阶段的设计费计算

1．扣分要素、加分要素分数合计为设计评价总分。

2．设计费评价调整系数＝设计评价总分/100。

3．设计费金额＝设计费基价×（1＋设计费评价调整系数）。

4．设计费基价按照本标准第三章规定执行。

5．重大的创新和优化，或具有特殊要素需调整时，另外计取相关附加费用。

对设计重大创新和优化后，具有显著提高运行可靠性、节省投资效益或社会效益的工程，可按照设计费3%～5%作为奖励，设计费奖励直接计入工程概算中。

施工图及现场服务阶段的设计评价办法及标准由项目法人单位另行制定，项目法人单位根据评价结果对设计费进行调整，但最高不超过设计费合同价的5%。

第十七条　工作程序

初步设计阶段评价工作流程：

（一）设计单位应在上报初步设计评审文件的同时，编写设计优化及创新说明文件或在初设报告中增加相应章节（格式见附件1-4）。

（二）评审单位和项目业主单位应在初步设计评审纪要发出前，完成对设计单位的评价和初步评分。

（三）评审单位和项目业主单位应在初步设计收口会议上，完成对设计单位的评分，并明确收口会后如果设计单位配合不好时的扣分方式。

（四）评审单位和项目法人单位应在初步设计收口会议上，按照评审单位 50%、项目业主 50%的评分权重，汇总评分值。

（五）评审单位在初步设计评审意见中明确初步设计阶段设计评价结论。

在工程竣工后十五个工作日内，业主项目部按照《国家电网公司业主项目部标准化手册》中关于设计工作的综合评价进行评分，并提交项目法人单位批准后，调整设计费结算价。

第五章　附　　则

第十八条　本标准由国家电网公司电力建设定额站负责解释并监督执行。

第十九条　本标准自颁布之日起执行。《国家电网公司输变电工程勘察设计费概算编制办法》（试行）（国家电网电定〔2010〕7号）同时废止。

附件 1-1：输变电工程主要设备材料设计费计费价格目录

附件 1-2：线路工程激励评价要素

附件 1-3：变电工程激励评价要素

附件 1-4：设计优化创新陈述表

附件 1-5：《国家电网公司输变电工程勘察设计费概算计列标准（2014 年版）》编制说明

附件 1-1：输变电工程主要设备材料设计费计费价格目录

序号	设备和材料	单位	计费价格	备注
一	主变压器			
（一）	1000 千伏			
1	3000MVA	万元/组	4200	
（二）	750 千伏			
1	700MVA	万元/组	1600	
2	500MVA	万元/组	1450	
（三）	500 千伏			
1	1000MVA	万元/组	2400	
2	750MVA	万元/组	2000	
3	400MVA	万元/组	950	
4	250MVA	万元/组	700	
（四）	330 千伏			
1	360MVA	万元/组	1000	
2	240MVA	万元/组	900	
3	150MVA	万元/组	650	
（五）	220 千伏			
1	240MVA	万元/组	800	
2	180MVA	万元/组	680	
3	150MVA	万元/组	620	
（六）	110 千伏			
1	100MVA	万元/组	360	
2	63MVA 及以下	万元/组	250	
3	40MVA 及以下	万元/组	220	
（七）	66 千伏			
1	50MVA	万元/组	190	
2	40MVA	万元/组	165	

续表

序号	设备和材料	单位	计费价格	备注
3	31.5MVA	万元/组	140	
二	配电装置			
（一）	1000 千伏			
1	全封闭组合电器 GIS（1 台断路器，含母线及母线设备）	万元/间隔	10800	
2	组合电器 HGIS（1 台断路器，含母线设备）	万元/间隔	8000	
（二）	750 千伏			
1	罐式断路器	万元/台	960	
（三）	500 千伏			
1	GIS 断路器间隔	万元/间隔	680	
2	罐式断路器	万元/台	260	
3	柱式断路器	万元/台	75	
（四）	330 千伏			
1	GIS 断路器间隔	万元/间隔	340	
2	罐式断路器	万元/台	205	
3	柱式断路器	万元/台	60	
（五）	220 千伏			
1	GIS 断路器间隔	万元/间隔	160	
2	罐式断路器	万元/台	71	
3	柱式断路器	万元/台	25	
（六）	110 千伏			
1	GIS 断路器间隔	万元/间隔	65	
2	柱式断路器	万元/台	10	
（七）	66 千伏			
1	罐式断路器	万元/台	24	
2	柱式断路器	万元/台	10	
三	无功设备			

续表

序号	设备和材料	单位	计费价格	备注
1	1000 千伏高压电抗器	元/kvar	77	
2	750 千伏高压并联电抗器	元/kvar	70	
3	500 千伏高压并联电抗器	元/kvar	55	
4	低压电容器、电抗器	元/kvar	30	
四	导线			
1	钢芯铝绞线	元/t	15000	
五	地线			
1	铝包钢绞线	元/t	14000	
2	钢绞线	元/t	7000	
六	塔材			
1	镀锌角钢	元/t	6800	
2	钢管塔	元/t	7500	
3	钢管杆	元/t	6800	
七	光缆			
1	OPGW	元/km	16000	
2	ADSS	元/km	13000	
八	铜芯电缆			
1	$1\times300mm^2$	元/m	301	
2	$1\times400mm^2$	元/m	338	
3	$1\times500mm^2$	元/m	405	
4	$1\times630mm^2$	元/m	614	
5	$1\times800mm^2$	元/m	681	
6	$1\times1000mm^2$	元/m	858	
7	$1\times1200mm^2$	元/m	970	
8	$1\times1600mm^2$	元/m	1195	

注： 以上未涵盖的主要设备及材料取费价格执行概算编制年现行《电力建设工程装置性材料综合预算价格》。

附件 1-2：线路工程激励评价要素

线路工程激励评价要素如下：

（一）线路工程初步设计阶段设计激励评价的扣分要素包括：

1．文件上报

资料齐全、上报及时、文件质量达标；有必要的专题报告、合同、测算依据。

2．技术条件

规模变化、技术方案变化；塔形、基础等技术条件合理性；工程量指标合理性；方案比选全面合理性。

3．投资控制

投资是否超可研，是否节余过多；与通用造价对比分析；与国网控制线对比分析。

4．出文配合

是否按时提交概算及设计文件；提供必要的合同及依据；按照评审要求修改设计文件。

（二）线路工程初步设计阶段设计激励评价的加分要素包括：

1．前期工作

路径较优，避让不良气象、地质区，减少林区、厂矿、民房赔偿；协议全面完整、无遗漏；冰区、风区、污秽区、微气象区数据完整。

2．设计优化

塔材、基础钢材、混凝土、土石方等工程量指标控制先进；基础形式合理，保护环境、减少土方开挖有成效。

3．设计创新

采用新技术、新材料、新工艺；通过创新，提高工程质量、降低工程量指标、降低投资。

4．计费依据

设备或材料有参考价或测算方案；按合同计列项有完整清晰

的合同；建场费中各子项的工程量计算合理、相关赔偿单价合理且有依据。

线路工程初步设计激励评价表

序号	评价条目	判定条件	得分范围	备注
一	扣分要素		−20～0	
1	文件上报	资料齐全、上报及时、文件质量达标；有必要的专题报告、合同、测算依据	−5～0	
2	技术条件	规模变化、技术方案变化；塔形、基础等技术条件合理性；工程量指标合理性；方案比选全面合理性	−5～0	优化是否合理由业主及评审单位判定
3	投资控制	投资变化幅度过大；与通用造价对比分析；与国网控制线对比分析	−5～0	
4	出文配合	是否按时提交概算及设计文件；提供必要的合同及依据；按照评审要求修改设计文件	−5～0	收口会确定提交文件时间以及超时扣分原则
二	加分要素		0～20	
1	前期工作	路径较优，避让不良气象、地质区，减少林区、厂矿、民房赔偿；协议全面完整、无遗漏；冰区、风区、污秽区、微气象区数据完整	0～5	
2	设计优化	塔材、基础钢材、混凝土、土石方等工程量指标控制先进；基础形式合理，保护环境、减少土方开挖有成效	0～5	与通用设计比较
3	设计创新	采用新技术、新材料、新工艺；通过创新，提高工程质量、降低工程量指标、降低投资	0～5	与通用造价比较．不能降低投资的创新不加分
4	计费依据	设备或材料有参考价或测算方案；按合同计列项有完整清晰的合同；建场费中各子项的工程量计算合理、相关赔偿单价合理且有依据	0～5	

附件 1-3：变电工程激励评价要素

变电工程激励评价要素如下：

（一）变电工程初步设计阶段设计激励评价的扣分要素包括：

1．文件上报

资料齐全、上报及时、文件质量达标；有必要的专题报告、合同、测算依据。

2．技术条件

主接线和设备选型变化、主要设备外部接口尺寸及参数合理；站址与可研基本一致；用地面积控制在预审红线范围内；建筑面积合理；二次系统配置原则合理。

3．投资控制

投资是否超可研，是否节余过多；与通用造价对比分析；与国网控制线对比分析。

4．出文配合

是否按时提交概算及设计文件；提供必要的合同及依据；按照评审要求修改设计文件。

（二）变电工程初步设计阶段设计激励评价的加分要素包括：

1．前期工作

电气主接线间隔排列结合近、远期优化；总平面布置顺畅、紧凑，占地较常规方案有节省；站外电源方案合理，业主同意；接地方案论证充分、明显优化。

2．设计优化

竖向布置合理，节省土石方；光通信中继站方案优化、节省投资、提高运维便利性和电路可靠性；地基处理方案合理优化，费用节省。

3．设计创新

采用新技术、新材料、新工艺；通过创新，提高工程质量、降低工程量指标、降低投资；合理采用智能化变电站技术。

4．计费依据

设备或材料有参考价或测算方案；按合同计列项有完整清晰的合同；建场费中各子项的工程量计算合理、相关赔偿单价合理且有依据。

初步设计阶段的特殊要素主要考虑工程地质、环境、气象、偏远无人区等特殊条件，根据工程具体情况确定。

变电工程初步设计激励评价表

序号	评价条目	判定条件	得分范围	备注
一	扣分要素		−20～0	
1	文件上报	资料齐全、上报及时、文件质量达标；有必要的专题报告、合同、测算依据	−5～0	
2	技术条件	主接线和设备选型变化、主要设备外部接口尺寸及参数合理；站址与可研基本一致；用地面积控制在预审红线范围内；建筑面积合理；二次系统配置原则合理	−5～0	优化是否合理由业主及评审单位判定
3	投资控制	投资变化幅度过大；与通用造价对比分析；与国网控制线对比分析	−5～0	
4	出文配合	是否按时提交概算及设计文件；提供必要的合同及依据；按照评审要求修改设计文件	−5～0	收口会确定提交文件时间以及超时扣分原则
二	加分要素		0～20	
1	前期工作	电气主接线间隔排列结合近、远期优化；总平面布置顺畅、紧凑，占地较常规方案有节省；站外电源方案合理业主同意；接地方案论证充分、明显优化	0～5	
2	设计优化	竖向布置合理，节省土石方；光通信中继站方案优化、节省投资、提高运维便利性和电路可靠性；地基处理方案合理优化，费用节省	0～5	与通用设计比较
3	设计创新	采用新技术、新材料、新工艺；通过创新，提高工程质量、降低工程量指标、降低投资；合理采用智能化变电站技术	0～5	与通用造价比较，不能降低投资的创新不加分
4	计费依据	设备或材料有参考价或测算方案；按合同计列项有完整清晰的合同；建场费中各子项的工程量计算合理、相关赔偿单价合理且有依据	0～5	

附件 1-4：设计优化创新陈述表

序号	加分项目	问题描述	节省工程量或投资	建议加分
1	前期工作			
2	设计优化			
3	设计创新			
4	计费依据			

注：1．加分项目为激励评价表中加分项目的名称，不得另立名目；

2．节省工程量或投资，应与通用设计及通用造价对比；

3．建议加分不得超过激励评价表中该项目的最高分。

附件 1-5：《国家电网公司输变电工程勘察设计费概算计列标准（2014 年版）》编制说明

1.《国家电网公司输变电工程勘察设计费概算计列标准》（2014 年版）是国家电网公司造价主管部门制定的规范性文件，是输变电工程价格管理体系的重要组成部分。本标准共十九条，对输变电工程勘察设计收费的适用范围、价格形式、费用计算方法等分别做出了规定。

1.1　指导思想：一是适应输变电工程设计工作的要求，体现设计在工程建设中的基础性作用；二是在考虑输变电工程特点的基础上，划分项目类型，分别编制收费标准；三是力求简扼准确、方便使用。

1.2　主要目的：一是规范勘察设计费概算计列标准；二是简化勘察设计费概算编制方法；三是使勘察设计费概算编制与实际工作相符。

1.3　本标准共分五章。第一章为总则；第二章为勘察费的计算方法；第三章为设计费的计算方法；第四章为勘察设计费激励调整方法；第五章为附则；并附 5 个附件。

2．第九条，为避免设备材料价格波动对设计收费造成的影响，颁布《输变电工程主要设备材料设计费计费价格目录》。

3．第十条，各类工程计费费率综合了各电压等级的复杂系数、专业调整系数、联合试运转费用所占比重，并考虑输变电工程的标准化建设和复用设计水平；计费额区间是以近年平均造价水平为基础，按建设规模进行划分，分段控制设计费计费费率，以落实《工程勘察设计收费管理规定》（计价格〔2002〕10号）第1.0.15款之规定。

4．第十一条，发包人未委托设计入提供其他服务的，不计算其他设计收费。

4.1 编制施工图预算，须达到技术标准规定的深度和质量要求，满足工程建设的需要。编制竣工图文件应达到技术标准规定的深度和质量要求。没有达到编制深度和质量标准的，不能按照上述比例收取编制费，而应根据实际工作量，由发包人与设计人协商确定编制费。

4.2 若针对某输变电工程，发包人需要设计人提供整套设计的，因设计人原因无法提供符合要求的施工图预算或竣工图的，可由发包人与设计人事先协商确定扣除一定比例的其他设计收费。

5．输变电工程设计收费的具体计算步骤。

5.1 第一步，按照设计费计费额计算基本设计收费。

（1）确定设计费计费额。首先，按照设备材料价格目录对概算相关费用进行限价调整；然后，计算设计费计费额。

（2）确定相应费率。根据计费额对照工程类型在《输变电工程勘察设计费概算计列标准》（2014年版）第十条中查找相关费率。

（3）计算基本设计费。采用分段累进的方式计算相应费率。

5.2 第二步，按第七条计算输变电工程设计收费：

工程设计收费＝基本设计收费＋其他设计收费

6．变电工程设计费计算示例。

某220千伏变电站，本期主变规模：1×180MVA，采用柱式断路器，概算数据见下表：

电压等级	本期主变台数	概算数据（万元）		
		建筑工程费	设备购置费	安装工程费
220千伏	1	1501	3211	761
编制基准期价差		100		20

6.1　计算设备购置费计费额。

（1）根据《输变电工程主要设备材料设计费价格目录》，计算设备购置费价差，得设备购置费计费额，见下表：

序号	交流设备	单位	计费价格	概算单价	概算设备数量
一	主变压器				
1.3	220千伏				
	180MVA及以上	万元/组	680	780	1组
二	配电装置				
2.1.3	220千伏				
	柱式断路器	台	25	50	6台
2.1.4	110千伏				
	柱式断路器	台	10	25	9台
三	无功设备				
3	低压电容器、电抗器	元/kvar	30	28	3×9000kvar

（2）设备购置费计费额＝概算中设备购置费－设备价差

＝3211－（100＋25×6＋15×9）

＝2826万元

（3）建筑工程费计费额＝概算中建筑工程费－编制基准期价差

＝1501－100＝1401万元

（4）安装工程费计费额＝概算中安装工程费－编制基准期价差

＝761－20＝741万元

6.2 计算工程设计费计费额

（1）建筑工程、安装工程、设备购置设计费计费额见下表：

建筑工程费计费额	设备购置费计费额	安装工程费计费额	设计费计费额
1401	2826	741	4968

（2）设计费计费额

＝设备购置费计费额＋安装工程费计费额＋建筑工程费计费额

＝1401＋2826＋741＝4968（万元）

6.3 计算工程基本设计费

电压等级	设计费计费额区间（万元）	累进费率
220千伏	500以下（含500）	5.016%
	500至2000（含2000）	2.853%
	2000至4500（含4500）	2.761%
	4500至6500（含6500）	2.575%
	6500至10000（含10000）	2.493%
	10000以上	2.250%

基本设计费＝采用累进费率加总设计费计费额

＝500×5.016%＋（2000－500）×2.853%

＋（4500－2000）×2.761%＋（4968－4500）

×2.575%＝148.95（万元）

6.4 计算激励系数

根据激励办法，本工程项目业主及评审单位打分结果见下表：

序号	评价条目	得分范围	业主评分	评审单位评分
一	扣分要素	－20～0	－2	－4
1	文件上报	－5～0	0	－2
2	技术条件	－5～0	0	0
3	投资控制	－5～0	0	0
4	出文配合	－5～0	－2	－2

续表

序号	评价条目	得分范围	业主评分	评审单位评分
二	加分要素	0～20	12	10
1	前期工作	0～5	5	5
2	设计优化	0～5	5	5
3	设计创新	0～5	0	0
4	计费依据	0～5	2	0
三	合计		10	6

对打分结果进行加权平均，最终得分

＝50%×10＋50%×6＝8 分

则设计费调整系数＝8/100＝8%

最终该变电工程的设计费

＝148.95×（1＋8%）＝160.87 万元

7. 线路工程设计费计算示例。

某 220 千伏输电线路，单回，50km。本体费用为 6000 万元，编制基准期价差为 600 万元，导线型号为 LGJ-400，单价 18000 元/t，线材耗量 900t；角钢塔钢材价格 7500 元/t，塔材耗量 2100t。

7.1　计算本体工程费计费额

（1）根据《输变电工程主要设备材料设计费价格目录》（见下表），计算线材和塔材价差。

序号	交流设备	单位	计费价格	备注
四	导线			
1	钢芯铝绞线	t	15000	
六	塔材			
1	镀锌角钢	t	6800	

装置性材料价差

＝（18000－15000）×900＋（7500－6800）×2100

＝417（万元）

（2）计算该工程设计费计费额

计费额＝概算中本体费用－装置性材料价差

－（编制基准期价差－装置性材料价差）

＝6183－417－183＝5583 万元

7.2　计算基本设计费

电压等级	设计费计费额区间（万元）	累进费率
220 千伏	1000 以下（含 1000）	3.725%
	1000 至 5000（含 5000）	3.003%
	5000 至 15000（含 15000）	2.611%
	15000 以上	2.088%

基本设计费＝采用累进费率加总本体工程费计费额

＝1000×3.725%＋（5000－1000）×3.003%

＋（5583－5000）×2.611%＝172.59 万元

7.3　计算激励系数

根据激励办法，本工程项目业主及评审单位打分结果见下表：

序号	评价条目	得分范围	业主评分	评审单位评分
一	扣分要素	－20～0	－12	－12
1	文件上报	－5～0	－4	－4
2	技术条件	－5～0	0	0
3	投资控制	－5～0	－4	－4
4	出文配合	－5～0	－4	－4
二	加分要素	0～20	2	4
1	前期工作	0～5	0	2
2	设计优化	0～5	0	0
3	设计创新	0～5	0	0
4	计费依据	0～5	2	2
三	合计		－10	－8

对打分结果进行加权平均，最终得分

＝50%×（－10）＋50%×（－8）＝－9 分

则设计费调整系数＝－9/100＝－9%

最终该线路工程的设计费

＝172.59×（1－9%）＝157.06 万元

八、湘政发〔2021〕3 号《湖南省人民政府关于调整湖南省征地补偿标准的通知》

湖南省人民政府
关于调整湖南省征地补偿标准的通知

湘政发〔2021〕3 号

各市州、县市区人民政府，省政府各厅委、各直属机构：

根据《中华人民共和国土地管理法》（2019 年修订）的相关规定和自然资源部有关文件精神，结合我省征地补偿工作实际，现将调整后的《湖南省征地补偿标准》予以公布，并就有关事项通知如下：

一、本征地补偿标准包含土地补偿费和安置补助费两项之和，为当地农用地区片综合地价，其中土地补偿费占 40%，安置补助费占 60%。因非农建设需要收回农林牧渔场等国有土地的，参照本标准执行。

二、原以县市区为单位划分并公布、报省自然资源厅备案的征地补偿区片，维持不变。

三、征收永久基本农田的，按本标准的 2 倍执行；征收水田（属永久基本农田的除外）的，按本标准的 1.2 倍执行；征收园地、林地的，按照相应的地类系数执行；征收其他农用地的，按本标准执行；征收未利用地的，按本标准的 0.6 倍执行。

四、市州人民政府可以根据当地实际制定具体实施细则，作出相应调整，但是不得低于本通知确定的补偿标准和地类系数。

五、征收集体建设用地、地上附着物和青苗的补偿标准，由市州人民政府根据地方经济社会发展水平、自然资源禀赋、区位条件等因素分类进行规定，报省自然资源厅备案。

六、本标准自 2021 年 1 月 1 日起施行。本标准施行前，市州、县市区人民政府已公告征地补偿、安置方案的，可以继续按照公告确定的标准执行。在本标准施行前已办理征地审批手续，但市州、县市区人民政府未公告征地补偿、安置方案的，按照本标准执行。

各地各有关部门要坚持以人民为中心的发展思想，切实加强耕地保护，依法依规做好征地补偿标准调整落实工作，完善被征地农民社会保障政策，落实被征地农民社会保障，有效保障被征地农民合法权益，确保被征地农民生活水平不降低、长远生计有保障。

附件：湖南省征地补偿标准（2021 年调整）

湖南省人民政府

2021 年 7 月 15 日

（此件主动公开）

附件

湖南省征地补偿标准（2021 年调整）

单位：元/亩

市州	县市区	补偿标准			地类系数	
		Ⅰ区	Ⅱ区	Ⅲ区	园地	林地
长沙市	市区	103950	88200	81900	0.8	0.8
	望城区	74655	70980		0.8	0.8
	长沙县	74655	71820		0.8	0.8
	浏阳市	68250	61950	55650	0.8	0.8
	宁乡市	68250	65100	61950	0.8	0.8
衡阳市	市区	87150	73500		0.8	0.8
	南岳区	68250	52500		0.8	0.8
	衡阳县	60900	52500		0.8	0.8
	衡南县	60900	52500		0.8	0.8
	衡山县	60900	52500		0.8	0.8
	衡东县	60900	52500		0.8	0.8
	祁东县	60900	52500		0.8	0.8
	耒阳市	63000	54600		0.8	0.8
	常宁市	60900	51450		0.8	0.8
株洲市	市区	98700			0.8	0.8
	渌口区	75600	68250		0.8	0.8
	攸县	70350	62475		0.8	0.8
	茶陵县	70350	62475		0.8	0.8
	炎陵县	67200	58275		0.8	0.8
	醴陵市	77700	69615		0.8	0.8

续表

市州	县市区	补偿标准			地类系数	
		Ⅰ区	Ⅱ区	Ⅲ区	园地	林地
湘潭市	市区	98280			0.8	0.8
	湘潭县	77805	69615		0.8	0.8
	湘乡市	76440	65520		0.8	0.8
	韶山市	76440	62790		0.8	0.8
邵阳市	市区	75075	65520		0.8	0.8
	邵东市	65520	58695		0.8	0.8
	新邵县	62790	55965		0.8	0.8
	邵阳县	59850	53550		0.8	0.8
	隆回县	60060	53235		0.8	0.8
	洞口县	59850	53550		1	0.8
	绥宁县	60060	53235		0.8	0.8
	新宁县	58695	51870		1	0.8
	城步苗族自治县	58695	51870		0.8	0.8
	武冈市	60900	55650		1	0.8
岳阳市	岳阳楼区	83895	69300		0.8	0.8
	云溪区	71715	60060		0.8	0.8
	君山区	62370	52500		0.8	0.8
	岳阳县	59850	53550		0.8	0.8
	华容县	63840	57540		0.8	0.8
	湘阴县	64680	55965		1	0.8
	平江县	55860	49770		0.8	0.8
	汨罗市	67935	60795		0.8	0.8
	临湘市	66045	54600		0.8	0.8
	屈原管理区	59325	52500		0.8	0.8

续表

市州	县市区	补偿标准			地类系数	
		Ⅰ区	Ⅱ区	Ⅲ区	园地	林地
常德市	武陵区	80640	70455		1	0.8
	鼎城区	70455	57750		1	0.8
	安乡县	60585	53760		1	1
	汉寿县	66045	55230		0.8	0.8
	澧县	65100	55650		1	0.8
	临澧县	63000	52500		1	0.8
	桃源县	66045	53550		1	0.8
	石门县	65100	54600		1	0.8
	津市市	65100	55650		1	0.8
张家界市	永定区	76440	60060		0.8	0.8
	武陵源区	76440	60060		0.8	0.8
	慈利县	68250	58695		0.8	0.8
	桑植县	68250	57330		0.8	0.8
益阳市	资阳区	73500	65625		0.8	0.8
	赫山区	73500	65625		0.8	0.8
	南县	60690	53235		1	1
	桃江县	65625	59010		1	0.8
	安化县	57750	49140		0.8	0.8
	沅江市	61950	53550		1	1
郴州市	市区	75075	65520		0.8	0.8
	桂阳县	57330	47040		0.8	0.8
	宜章县	57330	47040		0.8	0.8
	永兴县	55965	47040		0.8	0.8

续表

市州	县市区	补偿标准			地类系数	
		Ⅰ区	Ⅱ区	Ⅲ区	园地	林地
郴州市	嘉禾县	54600	45255		0.8	0.8
	临武县	55965	45255		0.8	0.8
	汝城县	55965	47775		0.8	0.8
	桂东县	54600	47250		0.8	0.8
	安仁县	54600	45255		0.8	0.8
	资兴市	58695	50715		0.8	0.8
永州市	零陵区	68250	57330		0.8	0.8
	冷水滩区	71190	64785		0.8	0.8
	祁阳市	58800	51870		0.8	0.8
	东安县	56070	49140		0.8	0.8
	双牌县	54600	46410		0.8	0.8
	道县	54600	49140		0.8	0.8
	江永县	54600	46410		0.8	0.8
	宁远县	54600	49140		0.8	0.8
	蓝山县	54600	46410		0.8	0.8
	新田县	54600	47775		0.8	0.8
	江华瑶族自治县	54600	46410		0.8	0.8
怀化市	市区	77805	65520		0.8	0.8
	中方县	64155	54600		0.8	0.8
	沅陵县	60060	54600		0.8	0.8
	辰溪县	64155	53235		0.8	0.8
	溆浦县	64155	54600		0.8	0.8
	会同县	59640	50505		0.8	0.8

续表

市州	县市区	补偿标准			地类系数	
		Ⅰ区	Ⅱ区	Ⅲ区	园地	林地
怀化市	麻阳苗族自治县	60060	53235		0.8	0.8
	新晃侗族自治县	59640	50505		0.8	0.8
	芷江侗族自治县	64155	54600		0.8	0.8
	靖州苗族侗族自治县	60060	50505		0.8	0.8
	通道侗族自治县	59640	50505		0.8	0.8
	洪江市	64155	53235		0.8	0.8
	洪江区	64155	54600		0.8	0.8
娄底市	市区	77700	68250		0.8	0.8
	双峰县	63000	54600		0.8	0.8
	新化县	63000	54600		0.8	0.8
	冷水江市	63000	54600		0.8	0.8
	涟源市	63000	54600		0.8	0.8
湘西自治州	吉首市	70560			0.8	0.8
	泸溪县	54705	47775		1	0.8
	凤凰县	65520	54600		1	0.8
	花垣县	60480	50400		1	0.8
	保靖县	53550	47775		1	0.8
	古丈县	54705	49140		0.8	0.8
	永顺县	54705	49140		1	0.8
	龙山县	54705	49140		1	0.8

附录一 初步设计技术经济专业预审意见单

一	投资概况				
序号	子项名称	初步设计概算（万元）	造价控制线（万元）	可行性研究估算（万元）	超控制线/可行性研究估算的情况说明
1					
2					
3					
合计					

二	预审要点			
序号	要点名称	是	否	情况说明
1	是否执行编校审程序，各级人员签字盖章是否完备			（未执行编校审程序的原因）
2	是否进行通用造价以及造价控制线（标准参考价）对比分析			（未进行对比分析的原因）
3	设备材料价格是否执行国家电网有限公司最新信息价格			（未执行国家电网有限公司信息价的设备材料名称和价格依据）
4	是否存在建安工程费或其他费用中计列一笔性费用			（计列一笔性费用的名称和价格依据）
5	建设场地占用及清理费标准是否执行湘电建定〔2016〕1号			（未执行湘电建定〔2016〕1号的价格依据）
6	是否按照合同价格计列前期工作费			（未按合同计列的费用名称和价格依据）

三	预审意见
	评审人：

附录二　技术经济专业评审意见单

<table>
<tr><td>项目名称</td><td colspan="3"></td></tr>
<tr><td>评审专业</td><td colspan="3"></td></tr>
<tr><td colspan="3">评审意见</td><td>设计院意见</td></tr>
<tr><td colspan="3"></td><td></td></tr>
<tr><td colspan="3"></td><td></td></tr>
<tr><td colspan="3"></td><td></td></tr>
<tr><td colspan="3"></td><td></td></tr>
<tr><td colspan="3"></td><td></td></tr>
<tr><td colspan="3"></td><td></td></tr>
<tr><td colspan="3"></td><td></td></tr>
<tr><td colspan="3"></td><td></td></tr>
<tr><td colspan="3"></td><td></td></tr>
<tr><td colspan="3"></td><td></td></tr>
<tr><td colspan="3"></td><td></td></tr>
<tr><td colspan="3"></td><td></td></tr>
<tr><td colspan="3"></td><td></td></tr>
<tr><td colspan="3"></td><td></td></tr>
<tr><td colspan="3"></td><td></td></tr>
<tr><td colspan="3"></td><td></td></tr>
<tr><td colspan="3"></td><td></td></tr>
<tr><td colspan="3"></td><td></td></tr>
<tr><td>专业评审人</td><td></td><td>设计单位负责人</td><td></td></tr>
</table>

附录三　输变电工程技术经济问题沟通汇报信息表

编号：(省公司/评审单位名称-年度-流水号)　日期：　　年　　月　　日

输变电工程名称		项目单位	
单项工程名称		设计单位	
初步设计评审时间		评审单位	
问题简述			
工程基本情况 (简述与问题相关的工程情况)			
设计方案描述			
相关标准、文件规定			
附件	1. 2. …		
处理意见建议			

附录四　工程量确认表

（一）变电建筑工程量确认表（××变电站新建工程）

<table>
<tr><th>序号</th><th colspan="3">项目名称</th><th>工程量</th><th>备注说明</th></tr>
<tr><td>1</td><td colspan="3">总用地面积（m²）</td><td></td><td>务必与评审意见工程量保持一致</td></tr>
<tr><td>2</td><td colspan="3">围墙内用地面积（m²）</td><td></td><td>务必与评审意见工程量保持一致</td></tr>
<tr><td>3</td><td colspan="3">综合配电装置楼建筑面积（m²）</td><td></td><td>务必与评审意见工程量保持一致</td></tr>
<tr><td>4</td><td colspan="3">其他建筑物建筑面积（m²）</td><td></td><td>务必与评审意见工程量保持一致</td></tr>
<tr><td rowspan="4">5</td><td rowspan="4">主变压器配电装置区域</td><td>构架柱</td><td></td><td></td><td></td></tr>
<tr><td>构架梁</td><td></td><td></td><td></td></tr>
<tr><td colspan="2">构架附件</td><td></td><td>构架地线柱、构架避雷针、爬梯质量合计</td></tr>
<tr><td>设备支架</td><td></td><td></td><td>设备安装钢材质量不在建筑工程中开列</td></tr>
<tr><td rowspan="5">6</td><td rowspan="5">110kV屋外配电装置区域</td><td>构架柱</td><td></td><td></td><td></td></tr>
<tr><td>构架梁</td><td></td><td></td><td></td></tr>
<tr><td colspan="2">构架附件</td><td></td><td>构架地线柱、构架避雷针、爬梯质量合计</td></tr>
<tr><td>设备支架</td><td></td><td></td><td>设备安装钢材质量不在建筑工程中开列</td></tr>
<tr><td>防火墙</td><td>框架填充墙（m³）</td><td></td><td>体积＝长×高×填充墙厚×数量</td></tr>
<tr><td rowspan="4">7</td><td rowspan="4">35kV屋外配电装置区域</td><td>构架柱</td><td></td><td></td><td></td></tr>
<tr><td>构架梁</td><td></td><td></td><td></td></tr>
<tr><td colspan="2">构架附件</td><td></td><td>构架地线柱、构架避雷针、爬梯质量合计</td></tr>
<tr><td>设备支架</td><td></td><td></td><td>设备安装钢材质量不在建筑工程中开列</td></tr>
</table>

续表

序号	项目名称			工程量	备注说明
8	10kV 屋外配电装置区域	构架柱			
		构架梁			
		构架附件			构架地线柱、构架避雷针、爬梯质量合计
		设备支架			设备安装钢材质量不在建筑工程中开列
9	独立避雷针（t）				
10	室外电缆沟道（m）	砌体沟道			
		钢混凝土沟道			
11	栏栅及地坪（m^2）				绝缘小道及地坪
12	深井取水，井深（m）				若取水方式为引接自来水网管，此处为 0
13	站内给水管道长度（m）	钢质给水管道			
14	站内消防管道长度（m）	钢质给水管道			
15	场地平整	总挖方（m^3）			务必与评审意见工程量保持一致
		总填方（m^3）			务必与评审意见工程量保持一致
		外购土（m^3）			务必与评审意见工程量保持一致
		外运土（m^3）			务必与评审意见工程量保持一致
16	站区道路及广场（m^2）				务必与评审意见工程量保持一致
17	站内排水管道（m）	管径≤300mm			
		300mm＜管径≤600mm			
18	窨井	检查井（座）			
		雨水口（座）			

续表

序号	项目名称		工程量	备注说明
19	围墙长度（m）			应扣除大门所占长度
20	挡土墙			务必与评审意见工程量保持一致
21	护坡			务必与评审意见工程量保持一致
22	排/截水沟道（m）			
23	站区碎石或绿化地坪			
24	地基处理			按地基处理方式不同分别填写
25	站外道路（m^2）			
26	还农路			
27	站外给水管道长度（m）			
28	站外排水管道（m）	管径≤300mm		
		300mm＜管径≤600mm		

（二）变电安装工程量确认表（××变电站新建工程）

序号	项目名称			工程量	备注说明
1	安装钢材（t）				全站设备安装钢材质量合计
2	导线	硬导线	铜排 125×10（m）		包括跨线、设备引下线及连接线
		软导线	LGJ-300/40（m）		
		…			
3	软导线金具（套）				
4	绝缘子串（串）				各电压等级悬垂或耐张绝缘子串合计

续表

序号	项目名称			工程量	备注说明
5	支柱绝缘子（柱）				10kV 及以上支柱绝缘子合计
6	电力电缆	低压电力电缆（m）			
		10kV 高压电力电缆（m）			
		35kV 高压电力电缆（m）			
		110kV 高压电力电缆（m）			
7	控制电缆	控制电缆（m）			
		预制电（光）缆（m）			
		光缆（m）			
		其他缆线（m）			同轴电缆、超五类电缆等
		厂供电缆（m）			只计算安装费，不计算材料费
		光缆熔接点（点）			
8	电缆辅助设施	电缆支架	钢质支架（t）		
			复合支架（副）		
		电缆保护管	钢质保护管（m）		
			非钢质保护管（m）		
		电（光）缆槽盒（m）			
9	电缆防火	防火堵料（t）			
		防火涂料（t）			
		防火隔板（m^2）			
		防火包（m^3）			
		防火模块（m^3）			
10	全站接地	主接地网			
		垂直接地极			
		非主接地网			设备接地、电缆沟接地等非主接地网部分
		等电位接地网			

续表

<table>
<tr><th>序号</th><th colspan="2">项目名称</th><th>工程量</th><th>备注说明</th></tr>
<tr><td rowspan="5">11</td><td rowspan="5">全站接地降阻处理</td><td>外扩主接地网</td><td></td><td></td></tr>
<tr><td>接地极</td><td></td><td></td></tr>
<tr><td>接地深井（m）</td><td></td><td></td></tr>
<tr><td>接地模块（个）</td><td></td><td></td></tr>
<tr><td>接地降阻剂（t）</td><td></td><td></td></tr>
<tr><td rowspan="2">12</td><td rowspan="2">外接电源（永临结合）</td><td>架空部分（m）</td><td></td><td>按路径长度计算</td></tr>
<tr><td>电缆部分（m）</td><td></td><td></td></tr>
</table>

（三）变电建筑工程量确认表（××改扩建工程）

<table>
<tr><th>序号</th><th colspan="3">项目名称</th><th>工程量</th><th>备注说明</th></tr>
<tr><td>1</td><td colspan="3">新增用地面积（m^2）</td><td></td><td>务必与评审意见工程量保持一致</td></tr>
<tr><td>2</td><td colspan="3">新增建筑物建筑面积（m^2）</td><td></td><td>务必与评审意见工程量保持一致</td></tr>
<tr><td>3</td><td colspan="3">新增或恢复室内地坪或楼面（m^2）</td><td></td><td>室内复杂地面或楼面</td></tr>
<tr><td>4</td><td colspan="3">新增或恢复墙体（m^3）</td><td></td><td></td></tr>
<tr><td rowspan="2">5</td><td rowspan="2">新增或恢复墙面装饰</td><td>外墙面</td><td></td><td></td><td></td></tr>
<tr><td>内墙面</td><td>乳胶漆（m^2）</td><td></td><td></td></tr>
<tr><td rowspan="5">6</td><td rowspan="5">主变压器配电装置区域</td><td>构架柱</td><td></td><td></td><td></td></tr>
<tr><td>构架梁</td><td></td><td></td><td></td></tr>
<tr><td colspan="2">构架附件</td><td></td><td>构架地线柱、构架避雷针、爬梯质量合计</td></tr>
<tr><td>设备支架</td><td></td><td></td><td>设备安装钢材质量不在建筑工程中开列</td></tr>
<tr><td>防火墙</td><td>框架填充墙（m^3）</td><td></td><td>体积＝长×高×填充墙厚×数量</td></tr>
</table>

续表

序号	项目名称			工程量	备注说明
7	110kV屋外配电装置区域	构架柱			
		构架梁			
		构架附件			构架地线柱、构架避雷针、爬梯质量合计
		设备支架			设备安装钢材质量不在建筑工程中开列
8	35kV屋外配电装置区域	构架柱			
		构架梁			
		构架附件			构架地线柱、构架避雷针、爬梯质量合计
		设备支架			设备安装钢材质量不在建筑工程中开列
9	10kV屋外配电装置区域	构架柱			
		构架梁			
		构架附件			构架地线柱、构架避雷针、爬梯质量合计
		设备支架			设备安装钢材质量不在建筑工程中开列
10	独立避雷针（t）				
11	新增或恢复室外电缆沟道（m）	砌体沟道			
		钢混凝土沟道			
12	新增或恢复栏栅及地坪（m^2）				绝缘小道及地坪
13	深井取水，井深（m）				若取水方式为引接自来水网管，此处为0
14	站内供水管道长度（m）	钢质给水管道			
15	场地平整	总挖方（m^3）			务必与评审意见工程量保持一致
		总填方（m^3）			务必与评审意见工程量保持一致

续表

序号	项目名称		工程量	备注说明
15	场地平整	外购土（m^3）		务必与评审意见工程量保持一致
		外运土（m^3）		余土或建筑垃圾外运
16	新增或恢复站区道路及广场（m^2）			
17	新增或恢复站内排水管道（m）	管径≤300mm		
		300mm＜管径≤600mm		
18	新增或恢复窨井	检查井（座）		
		雨水口（座）		
19	新增或恢复围墙长度（m）			应扣除大门所占长度
20	挡土墙			
21	护坡			
22	排/截水沟道（m）			
23	新增或恢复站区碎石/绿化地坪			
24	地基处理			按地基处理方式不同分别填写
25	新增或恢复站外道路（m^2）			
26	还农路			
27	站外供水管道长度（m）	钢质给水管道（m）		
28	站外排水管道（m）	管径≤300mm		
		300mm＜管径≤600mm		

（四）变电安装工程量确认表（××改扩建工程）

序号	项目名称	工程量	备注说明
1	安装钢材（t）		全站设备安装钢材质量合计

续表

序号	项目名称			工程量	备注说明
2	导线	硬导线	铜排 125×10（m）		包括跨线、设备引下线及连接线
		软导线	LGJ-300/40（m）		
		…			
3	软导线金具（套）				
4	绝缘子串（串）				各电压等级悬垂或耐张绝缘子串合计
5	支柱绝缘子（柱）				10kV 及以上支柱绝缘子合计
6	电力电缆	低压电力电缆（m）			
		10kV 高压电力电缆（m）			
		35kV 高压电力电缆（m）			
		110kV 高压电力电缆（m）			
7	控制电缆	控制电缆（m）			
		预制电（光）缆（m）			
		光缆（m）			
		其他缆线（m）			同轴电缆、超五类电缆等
		厂供电缆（m）			只计算安装费，不计算材料费
		光缆熔接点（点）			
8	电缆辅助设施	电缆支架	钢质支架（t）		
			复合支架（副）		
		电缆保护管	钢质保护管（m）		
			非钢质保护管（m）		
		电（光）缆槽盒（m）			
9	电缆防火	防火堵料（t）			
		防火涂料（t）			

续表

序号	项目名称			工程量	备注说明
9	电缆防火	防火隔板（m^2）			
		防火包（m^3）			
		防火模块（m^3）			
10	全站接地	主接地网			
		垂直接地极			
		非主接地网			设备接地、电缆沟接地等非主接地网部分
		等电位接地网			
11	全站接地降阻处理	外扩主接地网			
		接地极			
		接地深井（m）			
		接地模块（个）			
		接地降阻剂（t）			
12	外接电源（永临结合）	架空部分（m）			按路径长度计算
		电缆部分（m）			

（五）架空线路工程量确认表（××线路工程）

序号	类别	项目名称		工程量	备注说明
1	基本参数	总路径长度（km）			“多回路”“中冰区”和“重冰区”根据实际参数填写具体值，可增加行
2		导线型号			
3		分裂数（根）			
4		回路数长度（km）	单回路		
5			多回路		
6		分冰区长度（km）	中冰区		
7			重冰区		
8	地形参数	平地（%）			
9		丘陵（%）			
10		山地（%）			

续表

<table>
<tr><th>序号</th><th>类别</th><th colspan="2">项目名称</th><th>工程量</th><th>备注说明</th></tr>
<tr><td>11</td><td rowspan="4">地形参数</td><td colspan="2">高山（%）</td><td></td><td rowspan="4"></td></tr>
<tr><td>12</td><td colspan="2">峻岭（%）</td><td></td></tr>
<tr><td>13</td><td colspan="2">泥沼（%）</td><td></td></tr>
<tr><td>14</td><td colspan="2">河网（%）</td><td></td></tr>
<tr><td>15</td><td rowspan="7">地质参数</td><td colspan="2">普通土（%）</td><td></td><td></td></tr>
<tr><td>16</td><td colspan="2">坚土（%）</td><td></td><td></td></tr>
<tr><td>17</td><td colspan="2">松砂土（%）</td><td></td><td></td></tr>
<tr><td>18</td><td colspan="2">岩石（%）</td><td></td><td></td></tr>
<tr><td>19</td><td colspan="2">泥水（%）</td><td></td><td></td></tr>
<tr><td>20</td><td colspan="2">水坑（%）</td><td></td><td></td></tr>
<tr><td>21</td><td colspan="2">流沙（%）</td><td></td><td></td></tr>
<tr><td>22</td><td rowspan="2">工地运输</td><td colspan="2">人力运输（km）</td><td></td><td rowspan="2"></td></tr>
<tr><td>23</td><td colspan="2">汽车运输（km）</td><td></td></tr>
<tr><td>24</td><td rowspan="8">基础工程</td><td colspan="2">基坑土石方（m^3）</td><td></td><td rowspan="8">“其他”根据实际参数填写，可增加行</td></tr>
<tr><td>25</td><td colspan="2">基础混凝土量（m^3）</td><td></td></tr>
<tr><td>26</td><td rowspan="4">基础型式及数量（基）</td><td>大板</td><td></td></tr>
<tr><td>27</td><td>掏挖</td><td></td></tr>
<tr><td>28</td><td>灌注桩</td><td></td></tr>
<tr><td>29</td><td>其他</td><td></td></tr>
<tr><td>30</td><td colspan="2">基础钢筋（t）</td><td></td></tr>
<tr><td>31</td><td colspan="2">地脚螺栓（t）</td><td></td></tr>
<tr><td>32</td><td rowspan="6">杆塔工程</td><td rowspan="4">杆塔型式及数量（基）</td><td>混凝土杆</td><td></td><td rowspan="6"></td></tr>
<tr><td>33</td><td>钢管杆</td><td></td></tr>
<tr><td>34</td><td>角钢塔</td><td></td></tr>
<tr><td>35</td><td>钢管塔</td><td></td></tr>
<tr><td>36</td><td colspan="2">铁塔总质量（t）</td><td></td></tr>
<tr><td>37</td><td colspan="2">耐张比例（%）</td><td></td></tr>
</table>

续表

序号	类别	项目名称		工程量	备注说明
38	接地工程	接地土石方（m^3）			“其他”根据实际参数填写，可增加行
39		接地钢材（t）			
40		接地型号及数量（基）	GD-3		
41			GD-5		
42			其他		
43		特殊接地	接地模块（个）		
44			石墨接地（m）		
45	架线工程	导线（t）	路径长____×单重____×根数____×系数____		“其他”根据实际参数填写，可增加行
46		地线（t）	路径长____×单重____×根数____×系数____		
47		交叉跨越（次）	铁路		
48			高速公路		
49			高压线		
50			河流		
51			房屋		
52			其他		
53		调整弧垂长度（km）			
54	附件工程	绝缘子串型式	悬垂串		单串数____×每串片数____+双串数____×每串片数____
55			耐张串		单串数____×每串片数____+双串数____×每串片数____
56			跳线串		单串数____×每串片数____+双串数____×每串片数____
57	附件工程	绝缘子片数（片）	玻璃		为以上合计数量
58			合成		为以上合计数量，如采用合成绝缘子，以上表格中每串片数为1
59		间隔棒（个）			
60		防震锤（个）			
61		挂线金具（t）			

续表

序号	类别	项目名称		工程量	备注说明
62	辅助工程	降基土石方（m^3）			
63		护坡挡墙排水沟（m^3）			
64		施工道路（m^2）			
65		避雷器（台）			
66	拆除工程	杆塔拆除	基数（基）		
67			质量（t）		
68		导线拆除（km）			
69		基础拆除（m^3）			
70	其他	线路迁改（km）	10kV		须在设计文件中说明具体迁改方案
71			通信线		
72			其他		
73		桩基检测（根）	小应变		须在设计文件中说明桩基检测方案
74			大应变		
75			其他		
76		沿线青苗类型占比（%）	水田		
77			旱土		
78			一般林地		
79			经济林、园地		
80			专业菜地		
81		房屋拆迁面积（m^2）			

（六）电缆线路工程量确认表（××线路工程）

序号	类别	项目名称		工程量	备注说明
1	基本参数	总路径长度（km）			“多回路”根据实际参数填写具体，可增加行
2		电缆型号			
3		回路数长度（km）	单回路		
4			多回路		

续表

<table>
<tr><th>序号</th><th>类别</th><th colspan="2">项目名称</th><th>工程量</th><th>备注说明</th></tr>
<tr><td>5</td><td rowspan="3">地形参数</td><td colspan="2">平地（%）</td><td></td><td rowspan="3">“其他”根据实际参数填写，可增加行</td></tr>
<tr><td>6</td><td colspan="2">丘陵（%）</td><td></td></tr>
<tr><td>7</td><td colspan="2">其他（%）</td><td></td></tr>
<tr><td>8</td><td rowspan="3">地质参数</td><td colspan="2">普通土（%）</td><td></td><td rowspan="3">“其他”根据实际参数填写，可增加行</td></tr>
<tr><td>9</td><td colspan="2">坚土（%）</td><td></td></tr>
<tr><td>10</td><td colspan="2">其他（%）</td><td></td></tr>
<tr><td>11</td><td rowspan="4">工地运输</td><td colspan="2">人力运输（km）</td><td></td><td rowspan="4"></td></tr>
<tr><td>12</td><td colspan="2">汽车运输（km）</td><td></td></tr>
<tr><td>13</td><td rowspan="2">余土运输</td><td>运量（m^3）</td><td></td></tr>
<tr><td>14</td><td>运距（km）</td><td></td></tr>
<tr><td>15</td><td rowspan="9">土建工程</td><td rowspan="6">敷设型式及长度（m）</td><td>隧道</td><td></td><td rowspan="9">土建部分需注明断面尺寸，另提供断面图纸</td></tr>
<tr><td>16</td><td>沟道</td><td></td></tr>
<tr><td>17</td><td>直埋</td><td></td></tr>
<tr><td>18</td><td>排管</td><td></td></tr>
<tr><td>19</td><td>顶管</td><td></td></tr>
<tr><td>20</td><td>其他</td><td></td></tr>
<tr><td>21</td><td rowspan="3">工作井型式及数量（座）</td><td>直线井</td><td></td></tr>
<tr><td>22</td><td>转角井</td><td></td></tr>
<tr><td>23</td><td>其他</td><td></td></tr>
<tr><td>24</td><td rowspan="8">安装工程</td><td colspan="2">电力电缆材料长度（m）</td><td></td><td rowspan="8"></td></tr>
<tr><td>25</td><td rowspan="2">电缆头型式和数量（个）</td><td>中间接头</td><td></td></tr>
<tr><td>26</td><td>终端接头</td><td></td></tr>
<tr><td>27</td><td colspan="2">接地钢材（t）</td><td></td></tr>
<tr><td>28</td><td colspan="2">接地电缆（m）</td><td></td></tr>
<tr><td>29</td><td colspan="2">接地箱（个）</td><td></td></tr>
<tr><td>30</td><td colspan="2">避雷器（台）</td><td></td></tr>
<tr><td>31</td><td colspan="2">防火堵料（t）</td><td></td></tr>
</table>

续表

<table>
<tr><th>序号</th><th>类别</th><th>项目名称</th><th>工程量</th><th>备注说明</th></tr>
<tr><td>32</td><td rowspan="6">安装工程</td><td>防火涂料（t）</td><td></td><td rowspan="6"></td></tr>
<tr><td>33</td><td>防火隔板（m^2）</td><td></td></tr>
<tr><td>34</td><td>防火包（m^3）</td><td></td></tr>
<tr><td>35</td><td>防火模块（m^3）</td><td></td></tr>
<tr><td>36</td><td>电缆夹具（个）</td><td></td></tr>
<tr><td>37</td><td>互联段数量</td><td></td></tr>
</table>

（七）光缆线路工程量确认表（××光缆工程）

<table>
<tr><th>序号</th><th>类别</th><th colspan="2">项目名称</th><th>工程量</th><th>备注说明</th></tr>
<tr><td>1</td><td rowspan="6">基本参数</td><td colspan="2">总路径长度（km）</td><td></td><td rowspan="6">根据实际参数填写具体，可增加行</td></tr>
<tr><td>2</td><td colspan="2">光缆型号</td><td></td></tr>
<tr><td>3</td><td rowspan="4">每根光缆型号及路径长度（km）</td><td>OPGW1</td><td></td></tr>
<tr><td>4</td><td>OPGW2</td><td></td></tr>
<tr><td>5</td><td>ADSS1</td><td></td></tr>
<tr><td>6</td><td>ADSS2</td><td></td></tr>
<tr><td>7</td><td rowspan="3">地形参数</td><td colspan="2">平地（%）</td><td></td><td rowspan="3">“其他”根据实际参数填写，可增加行</td></tr>
<tr><td>8</td><td colspan="2">丘陵（%）</td><td></td></tr>
<tr><td>9</td><td colspan="2">其他（%）</td><td></td></tr>
<tr><td>10</td><td rowspan="2">工地运输</td><td colspan="2">人力运输（km）</td><td></td><td rowspan="2"></td></tr>
<tr><td>11</td><td colspan="2">汽车运输（km）</td><td></td></tr>
<tr><td>12</td><td rowspan="4">架设方式</td><td rowspan="4">架设（敷设）型式及长度（m）</td><td>架空</td><td></td><td rowspan="4">土建部分需注明断面尺寸，另提供断面图纸</td></tr>
<tr><td>13</td><td>沟道</td><td></td></tr>
<tr><td>14</td><td>直埋</td><td></td></tr>
<tr><td>15</td><td>其他</td><td></td></tr>
<tr><td>16</td><td rowspan="3">安装工程</td><td colspan="2">光缆型号及材料长（m）</td><td></td><td rowspan="3"></td></tr>
<tr><td>17</td><td colspan="2">…</td><td></td></tr>
<tr><td>18</td><td colspan="2">接头数量（个）</td><td></td></tr>
</table>

续表

序号	类别	项目名称	工程量	备注说明
19	安装工程	分盘数量（个）		
20		单独架设的光缆跨越物及数量（处）		
21		…		
22		其他		
23		…